大学課程基礎コース
電気・電子計測

大浦 宣徳・関根 松夫 [共著]

Ohmsha

本書を発行するにあたって，内容に誤りのないようできる限りの注意を払いましたが，本書の内容を適用した結果生じたこと，また，適用できなかった結果について，著者，出版社とも一切の責任を負いませんのでご了承ください．

本書は，「著作権法」によって，著作権等の権利が保護されている著作物です．本書の複製権・翻訳権・上映権・譲渡権・公衆送信権（送信可能化権を含む）は著作権者が保有しています．本書の全部または一部につき，無断で転載，複写複製，電子的装置への入力等をされると，著作権等の権利侵害となる場合があります．また，代行業者等の第三者によるスキャンやデジタル化は，たとえ個人や家庭内での利用であっても著作権法上認められておりませんので，ご注意ください．

本書の無断複写は，著作権法上の制限事項を除き，禁じられています．本書の複写複製を希望される場合は，そのつど事前に下記へ連絡して許諾を得てください．

出版者著作権管理機構
（電話 03-5244-5088, FAX 03-5244-5089, e-mail: info@jcopy.or.jp）

JCOPY ＜出版者著作権管理機構 委託出版物＞

まえがき

　電気電子計測は，将来電気系の技術者を目指す学生は身につけておかなければならない重要な授業科目である．本書は，著者らが主として電気系の学部2年生を対象に講義している「電気電子計測」をもとにして，著したものである．
　最近のディジタル回路技術や集積回路技術の進歩により，マイクロコンピュータが測定器にも多数用いられるようになり，従来は指示計器を用いていた回路テスタのようなものにまで，マイクロコンピュータとアナログ/ディジタル変換器，ディジタル表示が用いられている．また最近の大型の計測器は，組み込みコンピュータにより全て自動測定が行われるようになっている．したがって，計測器はブラックボックスになっており，測定者は計測器の内部を窺い知ることはできない．動作原理を知らなくとも一応測定は可能であるが，しかし，このような状態では，測定しようとする物理量が正しく測定されたかどうかは疑わしく，測定値を正しく評価することはできない．そこで，本書では，測定しようとする物理量が正確に測定でき，測定法に習熟できるようにするために，測定器の基本的な動作原理とそれらの使用法について解説した．コンピュータを用いた計測のシステム化と自動化に対応できるようにも配慮した．
　章末には，練習問題を設けると共にその解答を示し，理解を深めるように配慮した．しかし，電気電子計測は電気実験を行って初めて，体得できるので，学生諸氏は座学だけでなく電気実験・実習によって理解を深めて頂きたい．
　本書を著すにあたり巻末に載せた文献を参考にさせていただいた．また，出版のお世話を頂いた昭晃堂の小林孝雄氏，佐原久美子氏に厚く御礼申し上げる．
　平成3年12月

大浦　宣徳
関根　松夫

目　次

1 計測の基礎

1.1 計測の意義 …………………………………………………………1
1.2 測　定　法 …………………………………………………………5
1.3 測 定 誤 差 …………………………………………………………8
1.4 精度に関する定義 …………………………………………………9
1.5 測定誤差の原因とその対策 ………………………………………10
1.6 測定データと測定誤差の統計的処理 ……………………………12
1.7 最小2乗法 …………………………………………………………15
1.8 誤差伝搬の法則 ……………………………………………………18
1.9 有 効 数 字 …………………………………………………………21
1.10 デシベル表示 ………………………………………………………22
　練 習 問 題 ……………………………………………………………25

2 雑　音

2.1 熱　雑　音 …………………………………………………………26
2.2 ショット雑音 ………………………………………………………28
2.3 フリッカ雑音 ………………………………………………………28
2.4 信号対雑音比（SN比） ……………………………………………29
2.5 雑 音 指 数 …………………………………………………………29
2.6 集合平均，時間平均，エルゴード性 ……………………………32
2.7 確率密度関数，確率分布関数 ……………………………………33
2.8 自己相関関数 ………………………………………………………37
2.9 パワースペクトル密度 ……………………………………………38
　練 習 問 題 ……………………………………………………………41

3 測定と標準

- 3.1 SI 単位と標準 ……………………………………………………43
- 3.2 量子電気標準 ………………………………………………………48
- 3.3 周波数標準 …………………………………………………………53
- 練習問題 …………………………………………………………………56

4 アナログ量とディジタル量

- 4.1 計測用のセンサ ……………………………………………………57
- 4.2 アナログ量の変換 …………………………………………………61
- 4.3 ディジタル変換 ……………………………………………………71
- 4.4 ディジタル・アナログ変換 ………………………………………78
- 4.5 ディジタル量の伝送と接続 ………………………………………80
- 練習問題 …………………………………………………………………82

5 電圧と電流の測定

- 5.1 はじめに ……………………………………………………………83
- 5.2 交流波形と測定値 …………………………………………………83
- 5.3 指示計器とディジタル計器 ………………………………………85
- 5.4 直流電圧の測定 ……………………………………………………90
- 5.5 交流電圧の測定 ……………………………………………………92
- 5.6 高電圧の測定 ………………………………………………………96
- 練習問題 …………………………………………………………………97

6 インピーダンスの計測

- 6.1 抵抗の測定 …………………………………………………………98
- 6.2 高周波におけるインピーダンスの測定 …………………………107
- 練習問題 …………………………………………………………………114

7 周波数と位相の測定

7.1 精密周波数源とその周波数安定度 …………………………115
7.2 周波数カウンタ …………………………………………………116
7.3 周波数の測定 ……………………………………………………119
7.4 位相の測定 ………………………………………………………121
7.5 周波数安定度 ……………………………………………………123
練習問題 ………………………………………………………………125

8 電力の測定

8.1 直流回路での電力測定法 ………………………………………126
8.2 交流回路での電力測定法 ………………………………………131
8.3 ホール効果による電子式電力計 ………………………………138
8.4 電流力計型単相力率計 …………………………………………142
8.5 誘導型電力量計 …………………………………………………144
8.6 高周波での電力測定 ……………………………………………145
練習問題 ………………………………………………………………148

9 磁気測定

9.1 磁界の測定 ………………………………………………………149
9.2 磁束の測定 ………………………………………………………152
9.3 磁化率の測定 ……………………………………………………161
9.4 磁性材料の磁化特性の測定 ……………………………………163
9.5 鉄損の測定 ………………………………………………………170
練習問題 ………………………………………………………………174

10 記録計と波形測定

10.1 グラフ記録計 ……………………………………………………175

10.2 オシロスコープ ………………………………………………180
10.3 サンプリングオシロスコープ …………………………………191
10.4 スペクトラムアナライザ ………………………………………192
10.5 波形分析 …………………………………………………………193
練習問題 …………………………………………………………………199

11 電気電子計測応用

11.1 光 計 測 ………………………………………………………200
11.2 電 波 計 測 ……………………………………………………205
11.3 周波数計測の応用 ………………………………………………210
練習問題 …………………………………………………………………211

参 考 文 献 …………………………………………………………………213
練習問題 略解 ………………………………………………………………215
索 引 …………………………………………………………………………223

1 計測の基礎

1.1 計測の意義

計測とはある物理量を正確に測定し,それを数量化することである.
計測は次の三つの原則からなる.
1. 測定装置と測定技術の設計,開発,応用
2. 測定されたデータを解析,解釈して意味ある情報を得る.
3. 測定単位系の確立

一例として**クーロンの法則**(Coulomb's law)を考えてみる.
　古くから,帯電したある2物体同士では引力が相互に生じ,また別の2物体同士では斥力が相互に生じることから電気には二つの種類があることが知られていた.エボナイト棒を布でこすると静電気が起きることも知られていた.また雷も電気の一種であることを知っていた.
　このように人々は静電気,雷などを通じて電気の存在を知り,その定性的な研究を進めてきたが,定量的な研究はなされていなかった.クーロンの法則はおそらく,電気に関する初めての定量的研究であろう.電気計測の歴史は,このクーロンの研究から始まったのである.
　クーロンは図1.1に示すようなねじり秤を用いて「静止した2電荷の間には,電荷の積に比例し,それらの電荷間の距離の2乗に逆比例する力が働く」というクーロンの法則を1785年に発見した.
　このねじり秤は図1.1のような構造になっており,約75 cmの銀線でつるし,

重さが 0.004 g であった．水平の棒 BC は絹糸をワックスで固めたものである．小球 B に電荷を与え，他端 C は丸い平板である．平板は小球 B とのつり合いと，ねじり振動による空気制動の役割を果たす．A は固定球でこれにも電荷を与える．この A と B の間の力の大きさは最上部のつまみで小球 B の糸のねじれとつり合わせることによって測定する装置である．なお銀線の下端のおもりは銀線に張力を与えるもので，銀線が切れない程度の重さである．この測定からクーロンは前述の法則を発見したのである．

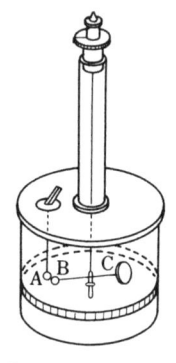

図 1.1　クーロンのねじり秤

このクーロンの実験の中に前に述べた計測の 3 原則の研究パターンをみることができる．

1. ねじり秤という新しい測定装置を考案した．
2. 次に得られたデータを解析し，力の大きさ，電気量の大きさ，2 物体間の距離の関係を見い出した．
3. これらの関係式に比例定数を与えることにより初めて電気的な単位量の定義に至った．

このクーロンの法則の発見から始まり，**ビオ・サバールの法則**（Bio-Savart law），**アンペールの法則**（Ampère's law），**ファラディの電磁誘導の法則**（Faraday's law of induction）をへて，**マクスウェルの方程式**（Maxwell's equations）で古典電磁気学の体系が完成した．

次にこのクーロンの法則から電磁単位系が確立した過程について述べる．これは前に述べた計測の 3 原則の 3 番目に相当する．

電界に関するクーロンの法則：

$$F = k_1 \frac{Q_1 Q_2}{r^2} \quad (1.1)$$

ここで，k_1 は比例定数，Q_1，Q_2 は電気量，r は距離，F は力である．

磁界に関するクーロンの法則：

$$F = k_2 \frac{Q_{m_1} Q_{m_2}}{r^2} \quad (1.2)$$

1.1 計測の意義

ここで，k_2 は比例定数，Q_{m_1}, Q_{m_2} は磁気量，r は距離，F は力である．

ビオ・サバールの法則：
$$dF = k_3 \frac{Q_m I \sin\theta}{r^2} ds \tag{1.3}$$

ここで，k_3 は比例定数，Q_m は磁気量，I は電流，ds は導線の微小部分，dF は微小な力である．

次に，電流 I は電気量 Q と時間 t より
$$I = \frac{Q}{t} \tag{1.4}$$

の関係がある．

式 (1.1)〜(1.4) から，
$$\frac{k_1 k_2}{k_3^2} = \left(\frac{r}{t}\right)^2 = (\text{速度の次元})^2 \tag{1.5}$$

の関係式が得られる．

マクスウェルの電磁界理論より光速を c とすると，
$$\frac{k_1 k_2}{k_3^2} = c^2 \tag{1.6}$$

が成立する．

長さをセンチメートル〔cm〕，質量をグラム〔g〕，時間を秒〔s〕とする **cgs ガウス単位系**では力の単位はダイン〔dyne〕で式 (1.6) から
$$k_1 = 1, \quad k_2 = 1, \quad k_3 = \frac{1}{c}, \tag{1.7}$$

が定義できる．

同様に長さをメートル〔m〕，質量をキログラム〔kg〕，時間を秒〔s〕とする **MKS 有理単位系**では力の単位はニュートン〔N〕で式 (1.6) から
$$k_1 = \frac{1}{4\pi\varepsilon_0}, \quad k_2 = \frac{1}{4\pi\mu_0}, \quad k_3 = \frac{1}{4\pi},$$
$$c = \frac{1^*}{\sqrt{\varepsilon_0 \mu_0}} \tag{1.8}$$

---

* c の正確な値については第 3 章の 3.1 節を参照．

が定義できる．

なお，この場合，まずはじめに真空中の**透磁率** (permeability) $\mu_0 = 4\pi \times 10^{-7}$ ヘンリー(H)/m を定義して，次に真空中の**誘電率** (permittivity) $\varepsilon_0 = 10^7/4\pi c^2$ ファラッド(F)/m が求められる．

このようにクーロンは電気について最初の定量的な実験を行ったが，これは電気による力そのものが測定の対象であった．しかし，現在においては，光計測，電波計測，超音波計測，温度計測など多くの場合，正確さ，客観性，再現性などにおいて，このような光，電波，超音波，熱などの物理量を直接測ることよりも電気に変換して計測する電気電子計測の方が優れている．

さらに電気電子計測の場合，その測定，記録が容易であることがあげられる．電圧電流の時間的な変化を読み取るのであればオシログラフを使えばよい．最近では連続した量（**アナログ量**）を不連続な量（**ディジタル量**）に変える **A/D 変換器** (converter) を使って**ディジタル信号**にし，コンピュータに入力できるようにすればどのような処理も可能となる．これらは，光，電波，超音波，熱など他の物理量の段階で直接行うことはかなり難しい．これらのことより，電気電子計測はあらゆる計測の中で最も有用なものであると考えられる．

このようにある物理量を電気に変換して計測を行う電気電子計測でも，前に述べた計測の三つの原則が重要である．

1. ある物理量を電気的な量に変換する**変換器**（トランスデューサ，transducer）または**センサ** (sensor) の設計，開発，応用があげられる．これらにより，様々な量の測定範囲を広げたり，精度を高めたりすることができる．
2. 得られたデータ（指針や輝線の位置，ディジタルボルトメータの数値など）が，どんな物理量にどのような形で関係しているのか，それを知らなければ測定しても何の役にも立たない．
3. 得られたデータから意味ある情報を得るためには，その測定単位系を整備しておかなければならない．また測定データの比較も重要である．

このように電気電子計測は，昔と違って電気量そのものが測定対象となることは少ないであろう．しかし，物理量を測定する手段としては，いつもその根本におかれるものになる．この電気電子計測について学ぶことは，自然科学における未知の問題を追求していく手段を得るためのものとして，意義深いものであると考えられる．

1.2 測　定　法

ここでは基本的な測定方式について述べる．

1.2.1 直接測定法と間接測定法

直接測定法（direct measurement method）は，たとえば，図1.2に示すように，抵抗Rの両端の電圧を測定したいときに，図のように電圧計をつないで，直ちにその電圧計の指示値を読めばよい．同じように抵抗Rに流れる電流を測定したいときには，図のように電流計を接続して直ちにその指示値を読めばよい．このような方法を直接測定法と呼ぶ．

間接測定法（indirect measurement method）は，たとえば，図1.2で抵抗値Rを知りたいときに，電圧計の電圧値Vと，電流計の電流値Iより$R=V/I$と間接的に計算によって求める方法である．

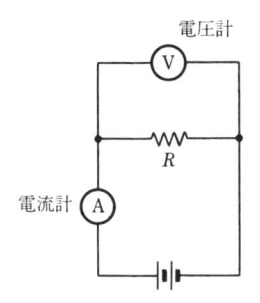

図 1.2　抵抗 R の両端の電圧と抵抗 R に流れる電流の測定法

1.2.2 偏位法，零位法，補償法

偏位法（deflection method）は図 1.3 に示すように指針型の測定器で指針の偏位で目盛を読む測定法である．

零位法（zero method, null method）は図 1.4 に示すように微小な電流を計る**検流計**（galvanometer）を用いて電池の起電力 V を測定する場合に電圧可変の標準電源 V_s を接続する．今 V_s を変化させて検流計 G に流れる電流を零にすると，検流計の両端の電位差がなくなり $V = V_s$ となり V が求まる．このような方法を零位法という．

補償法（compensation method）は図 1.5 に示すように**混合器**（mixer）を使って周波数のビート法で標準周波数 f_s から測定周波数 f を引き，その差の周

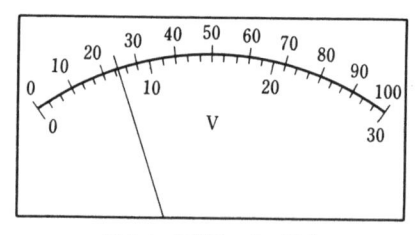

図 1.3 偏位法による測定

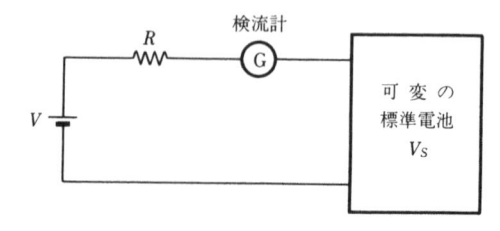

図 1.4 零位法による測定

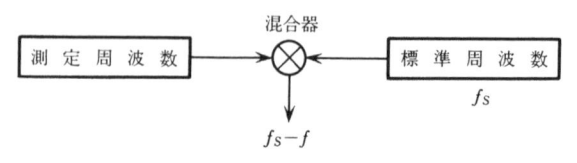

図 1.5 補償法による測定

波数を測定する方法である．たとえば，標準周波数 $f_s=10\,000$ MHz，測定周波数 $f=9\,970$ MHz として，その差 $f_B=f_s-f=30$ MHz を測定し，f_s と f_B から f を求める．このように f_B という中間周波数に周波数を下げると増幅が容易になるので，高い周波数の測定が簡単に行えるようになる．

1.2.3 ディジタル測定法とアナログ測定法

ディジタル測定法（digital measurement method）は図1.6に示すように電流，電圧，抵抗値などの直接測定値がそのまま数字で表示される測定法である．

たとえば，グラフ表示の場合 $+1.23\mathrm{E}-5$ は $+1.23\times10^{-5}$ を意味する．ディジタル測定法の利点と欠点を表1.1にまとめる．

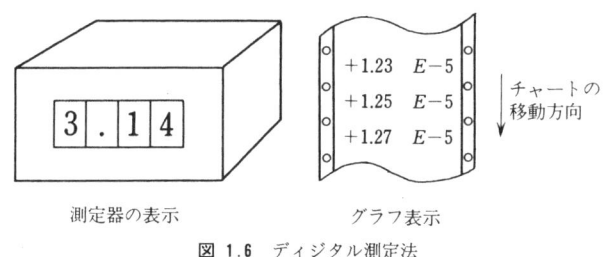

図 1.6 ディジタル測定法

表 1.1 ディジタル測定法の利点と欠点

利　　　点	欠　　　点
読み取り誤差がない．	変化を監視するのが難しい．
高分解能．	一つの数字だけで情報の傾向を知ることが難しい．
正確さを失うことなくディジタル信号を変換し，処理することができる．	不連続動作でしばしば測定値の瞬時の値が記録され情報が失われることがある．

アナログ測定法（analog measurement method）は指針形の計器などで連続した量で表示させる測定法で図1.7に示される．

アナログ測定法の利点と欠点を表1.2にまとめる．

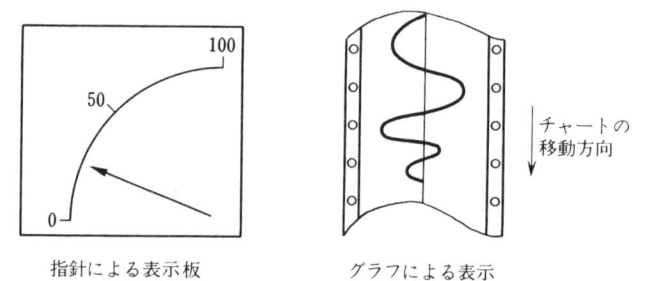

図 1.7 アナログ測定法による測定値の表示

表 1.2 アナログ測定法の利点と欠点

利　　　　点	欠　　　　点
制御系の装置の計器を監視しやすい.	読み取り誤差がある.
グラフ表示による曲線が過去からの傾向を示す.	アナログ情報を処理,変換するのに精度に限界がある.
アナログ情報の速い処理,変換.	線形性が得られるのが難しい.

1.3 測定誤差

1.3.1 誤差の定義

測定誤差 (measurement error) は**測定値** (measured value) M と**真の値** (true value) T との差 ε と定義される.

$$\varepsilon = M - T \tag{1.9}$$

この両辺を T で割って,

$$\frac{\varepsilon}{T} = \frac{M}{T} - 1$$

を**誤差率**,または**相対誤差** (relative error) と呼び,

$$\frac{\varepsilon}{T} \times 100 = \left(\frac{M}{T} - 1\right) \times 100 \;[\%] \tag{1.10}$$

を**百分率誤差** (percentage error) と呼ぶ.

また，$-\varepsilon$ を使って，
$$-\varepsilon = T - M = \alpha \tag{1.11}$$
とおけば，測定値 M に α を加えれば，
$$M + \alpha = T \tag{1.12}$$
となり，真の値となるので，α を**補正** (correction) と呼び，この式の両辺を M で割って，
$$\frac{\alpha}{M} = \frac{T}{M} - 1 \tag{1.13}$$
を**補正率** (correction factor) と呼ぶ．また，
$$\frac{\alpha}{M} \times 100 = \left(\frac{T}{M} - 1\right) \times 100 \; [\%] \tag{1.14}$$
を**百分率補正** (percentage correction) と呼ぶ．ε, α が十分小さいと
$$\frac{\varepsilon}{T} \fallingdotseq -\frac{\alpha}{M} \tag{1.15}$$
より，誤差率 ≒ −補正率または百分率誤差 ≒ −百分率補正の関係が得られる．

1.4 精度に関する定義

誤差の小さい測定を精度の高い測定という．精度は**正確さ** (accuracy) と**精密さ** (precision) を含む．

1.4.1 正　確　さ

真の値 x，測定値の母平均の値を $\bar{x}$ とした時に，$\bar{x} - x$ を**かたより** (bias) と呼び，一般に測定の正確さはこのかたよりの大小で表現される．測定値 x_1, $x_2, \cdots, x_n$ に対する真の値 x，平均の値 $\bar{x}$，分布の頻度の関係を図 1.8 に示す．

この一般の測定の正確さのほかに，測定器の正確さがある．たとえば，正確さ 0.1％ の測定器とは最大誤差，すなわち保証率が 0.1％ であることを意味する．指示計器の全目盛（フルスケール）が 10 V のとき，±0.1％ の正確さとい

うことは針の読みが±0.1Vまではずれることを意味する．このように測定器でどの測定値も10Vという真の値から±0.1V以上はずれない限度のことを**確度**という．

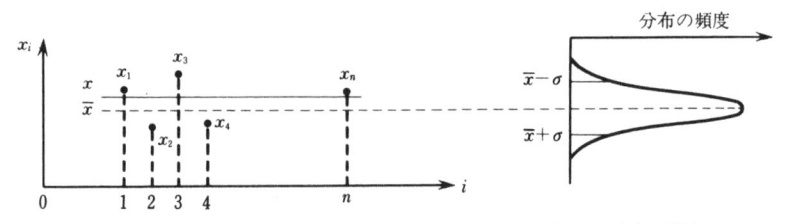

図 1.8 測定値 $x_1, x_2, \cdots, x_n$ に対する真の値 x，平均の値 $\bar{x}$，分布の頻度，標準偏差 σ との関係

1.4.2 精密さ

測定結果から図1.8の右側のような分布が得られた時，平均値のまわりの**分散**（variance），**ばらつき**（dispersion）の大小で測定値を評価する．評価には普通**標準偏差**（standard deviation）σ で表す．分散は σ^2 と定義する．ばらつきの小さい測定を精度の良い測定という．

1.5 測定誤差の原因とその対策

測定誤差には大別して**個人誤差**（human errors），**系統誤差**（system errors）と**ランダム誤差**（random errors）がある．

(1) 個人誤差

測定者の手違い，操作ミスなどにより生じる測定者固有のくせによる誤差で，アナログ測定の際に生じる．

【原因】：
・計器の操作を誤る．
・計器の目盛を間違える．
・単位系の誤認．
・計算の間違い．

- 適切でない計器の選択．

【対策】：
- 実験前の計画を入念に立てる．
- 測定，計算の際は最大限の注意を払う．
- 良いデータを得るために複数の測定者でその平均をとる．
- 最小限3回読み取り，大きな誤差が生じる可能性をなくする．

（2）系統誤差

（a）測定器の誤差（equipment errors）

計測装置自体に起因する誤差

【原因】：
- ベアリング，ボリュームの摩耗．
- 部品の非線形性．
- 針，目盛りの不正確さによる校正の間違い．
- 使用機器から発生する雑音．

【対策】：
- 測定器はなるべく新しい信頼性の高いものを使用する．たとえば，低い雑音レベルの機器の使用．
- 測定器が正しく動作しているかどうかを調べる．
- パラメータを測定する時は1回以上行う．

（b）環境誤差（environmental errors）

実験を行う環境による周囲の温度，湿度，電界，磁界などの変化によって生じる誤差．

【原因】：
- 測定時に建物のわずかなゆらぎが影響を及ぼす．
- 気温によって様々な影響が生じる．
- 地磁気が無視できない．
- 不要電磁界による誘導電圧の発生．

【対策】：
- 環境の変化によって大きく作用されない装置を使用する．
- 空調によって温度，湿度を一定にする．
- 測定器を密封する．
- 外部電界，外部磁界をシールドする．

(3) ランダム誤差

測定の際に生じるわずかな変化で，原因が不明か，または熱雑音のように原因がわかっていても人為的に取り除けない，まったくランダムな現象によって生じる誤差．

【原因】：
- 熱雑音による抵抗のゆらぎ．
- 宇宙線による装置の誤動作．

【対策】：
- 温度を低くして熱雑音を抑える．
- 統計的手段を用いて測定の読みをもっと真の値に近づける．
- 不要な干渉を避けるためにシールドなどを用いた測定装置を注意深く設計する．

1.6 測定データと測定誤差の統計的処理

(1) 平均値 (average, mean value)

測定値 $x_1, x_2, \cdots, x_n$ の平均値 $\bar{x}$ は

$$\bar{x} = \frac{x_1 + x_2 + \cdots + x_n}{n} \tag{1.16}$$

と定義する．

(2) 偏差の平均値 (average value of the deviation)

測定値 $x_1, x_2, \cdots, x_n$ の平均値 $\bar{x}$，平均値からのずれを $y_1, y_2, \cdots, y_n$ とした時，

$$\left.\begin{array}{l} y_1 = \bar{x} - x_1 \\ y_2 = \bar{x} - x_2 \\ \vdots \\ y_n = \bar{x} - x_n \end{array}\right\} \quad (1.17)$$

と定義する．ここで偏差の平均値 D は

$$D = \frac{|y_1| + |y_2| + \cdots + |y_n|}{n} \quad (1.18)$$

と定義する．

（3） 標準偏差（standard deviation）

標準偏差 σ は式（1.17）の平均値からのずれ $y_1, y_2, \cdots, y_n$ を用いて，

$$\sigma = \sqrt{\frac{y_1^2 + y_2^2 + \cdots + y_n^2}{n-1}} \quad (1.19)$$

と定義できる．

（4） ガウス分布（Gauss distribution）

ランダムな誤差の発生確率密度は図 1.9 に示すガウス分布に従う．ここで，σ は標準偏差で，r は**確率誤差**（probable error）で測定値のうちの半分は 0.675 より大きい誤差が生じ，残りの半分にはこれより小さい誤差が生じる．

図 1.9 に示すように，偏差 $r = \pm 0.675\sigma, \pm 1\sigma, \pm 2\sigma, \pm 3\sigma$ 内に誤差の含まれる割合は以下の通りである．

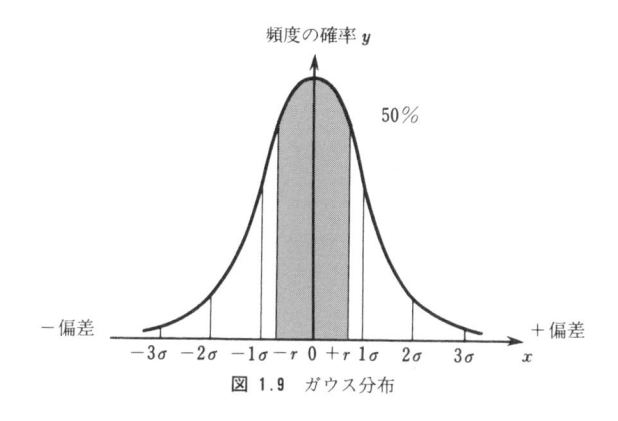

図 1.9 ガウス分布

$\pm 0.675\sigma$　　50 %
$\pm 1\sigma$　　68.2 %
$\pm 2\sigma$　　95.4 %
$\pm 3\sigma$　　99.7 %

このように偏差が大きくなればばらつきが大きくなり，誤差が大きくなる．ガウス分布または**誤差曲線**は一般に次のように書ける．

$$y = \frac{h}{\sqrt{\pi}} e^{-h^2 x^2} \tag{1.20}$$

ここで h は定数である．

分散 σ^2 は

$$\begin{aligned}
\sigma^2 &= \int_{-\infty}^{\infty} x^2 \cdot \frac{h}{\sqrt{\pi}} e^{-h^2 x^2} \cdot dx = \frac{2h}{\sqrt{\pi}} \int_{0}^{\infty} x^2 e^{-h^2 x^2} dx \\
&= \frac{2h}{\sqrt{\pi}} \int_{0}^{\infty} x \cdot \left(-\frac{1}{2h^2} e^{-h^2 x^2} \right)' dx = \left[-\frac{1}{\sqrt{\pi} h} \frac{x}{e^{h^2 x^2}} \right]_{0}^{\infty} \\
&\quad + \frac{1}{\sqrt{\pi} h} \int_{0}^{\infty} e^{-h^2 x^2} dx
\end{aligned} \tag{1.21}$$

と計算できる．式(1.21)の最後の式の第1項の $x=\infty$ における値は不定形の極限値を求める公式より

$$\lim_{x \to \infty} \frac{x}{e^{h^2 x^2}} = \lim_{x \to \infty} \frac{\dfrac{d}{dx} x}{\dfrac{d}{dx}(e^{h^2 x^2})} = \lim_{x \to \infty} \frac{1}{2h^2 x e^{h^2 x^2}} = \frac{1}{\infty} = 0 \tag{1.22}$$

となる．また第2項は

$$\int_{0}^{\infty} e^{-h^2 x^2} dx = \frac{\sqrt{\pi}}{2h} \tag{1.23}$$

と計算できる．したがって，式 (1.21) は

$$\sigma^2 = \frac{1}{2h^2} \tag{1.24}$$

となり，これより

$$h = \frac{1}{\sqrt{2}} \frac{1}{\sigma} \tag{1.25}$$

となるから，式 (1.25) を (1.20) に代入して，

$$y = \frac{1}{\sqrt{2\pi}\sigma} e^{-\frac{1}{2}\left(\frac{x}{\sigma}\right)^2} \tag{1.26}$$

が得られる．これは平均値 $\bar{x}=0$ の**正規分布**（normal distribution）であるが，平均値 $\bar{x}$ とそのまわりの測定値 x を考慮すると，

$$y = \frac{1}{\sqrt{2\pi}\sigma} e^{-\frac{1}{2}\left(\frac{x-\bar{x}}{\sigma}\right)^2} \tag{1.27}$$

が得られる．

今，確率 $y = \frac{1}{2}$（50 %）となる $x = r$ は式 (1.26) より

$$\frac{1}{2} = 2\int_0^r \frac{1}{\sqrt{2\pi}\sigma} e^{-\frac{1}{2}\left(\frac{x}{\sigma}\right)^2} dx \tag{1.28}$$

を計算すればよい．

$$t = \frac{1}{\sqrt{2}} \frac{x}{\sigma} \tag{1.29}$$

と置き換えれば，式 (1.28) は

$$\frac{1}{2} = \frac{2}{\sqrt{\pi}} \int_0^t e^{-t^2} dt \tag{1.30}$$

となる．式 (1.30) の右辺は**誤差関数**（error function）で erf (t) と表示することもある．誤差関数は数表が与えられており，たとえば式(1.30)で $\frac{r}{\sigma} = 0.675$ のとき，左辺の値は $\frac{1}{2}$（50 %）となる．これは図 1.9 に示してある．

1.7 最小 2 乗法

最小 2 乗法（method of least squares）には前項 1.2.1 の直接測定法と間接測定法の 2 通りがある．まずはじめに直接測定法の場合を考える．

今お互いに相関のないランダムな誤差，$\varepsilon_1, \varepsilon_2, \cdots, \varepsilon_n$ が ε_1 と $\varepsilon_1+d\varepsilon_1$，$\varepsilon_2$ と $\varepsilon_2+d\varepsilon_2, \cdots, \varepsilon_n$ と $\varepsilon_n+d\varepsilon_n$ の間に入る確率を $P_1, P_2, \cdots, P_n$ とすると，式(1.20)より

$$\left.\begin{aligned} P_1 &= \frac{h}{\sqrt{\pi}} e^{-h^2 \varepsilon_1^2} d\varepsilon_1 \\ P_2 &= \frac{h}{\sqrt{\pi}} e^{-h^2 \varepsilon_2^2} d\varepsilon_2 \\ &\vdots \\ P_n &= \frac{h}{\sqrt{\pi}} e^{-h^2 \varepsilon_n^2} d\varepsilon_n \end{aligned}\right\} \tag{1.31}$$

が得られる．これらが同時に起こる確率 P は

$$P = P_1 \times P_2 \cdots \times P_n \tag{1.32}$$

であるから，

$$P = \left(\frac{h}{\sqrt{\pi}}\right)^n e^{-h^2(\varepsilon_1^2+\varepsilon_2^2+\cdots+\varepsilon_n^2)} d\varepsilon_1 d\varepsilon_2 \cdots d\varepsilon_n \tag{1.33}$$

が得られる．同時に起こるという確率は式 (1.33) の確率が最大になればよい．すなわち

$$\varepsilon_1^2 + \varepsilon_2^2 + \cdots + \varepsilon_n^2 = 最小 \tag{1.34}$$

とすればよい．

$\varepsilon_1, \varepsilon_2, \cdots, \varepsilon_n$ に対応する測定値をそれぞれ $x_1, x_2, \cdots, x_n$ として，真の値を T とすれば，式 (1.34) より

$$(x_1-T)^2 + (x_2-T)^2 + \cdots + (x_n-T)^2 = 最小 \tag{1.35}$$

にすればよい．式 (1.35) の最小値を得るために T に関して微分して 0 とすると，

$$T = \frac{x_1+x_2+\cdots+x_n}{n} \tag{1.36}$$

が得られる．この T を**最確値** (most probable value) という．

次に間接測定法の場合の最小 2 乗法を考える．いま未知量を a, b とすると，x, y を測定して M の結果が得られたとする．すなわち，

1.7 最小2乗法

$$ax + by = M \tag{1.37}$$

の関係があるとすると，n 回測定して，

$$\left.\begin{aligned} ax_1 + by_1 &= M_1 \\ ax_2 + by_2 &= M_2 \\ &\vdots \\ ax_n + by_n &= M_n \end{aligned}\right\} \tag{1.38}$$

が得られる．この場合，式（1.34）と同様にして，

$$(ax_1 + by_1 - M_1)^2 + (ax_2 + by_2 - M_2)^2 + \cdots + (ax_n + by_n - M_n)^2$$
$$= 最小 \tag{1.39}$$

にすればよい．いま a に関して偏微分して 0 とおく．

$$2(ax_1 + by_1 - M_1) \cdot x_1 + 2(ax_2 + by_2 - M_2) \cdot x_2 + \cdots$$
$$+ 2(ax_n + by_n - M_n) \cdot x_n = 0 \tag{1.40}$$

これを整理して，

$$a(x_1^2 + x_2^2 + \cdots + x_n^2) + b(x_1 y_1 + x_2 y_2 + \cdots + x_n y_n)$$
$$= M_1 x_1 + M_2 x_2 + \cdots + M_n x_n \tag{1.41}$$

となる．したがって，

$$a\left(\sum_{i=1}^{n} x_i^2\right) + b\left(\sum_{i=1}^{n} x_i y_i\right) = \sum_{i=1}^{n} M_i x_i \tag{1.42}$$

が得られる．同様に式（1.39）を b に関して偏微分して 0 とおき整理すると，

$$a\left(\sum_{i=1}^{n} x_i y_i\right) + b\left(\sum_{i=1}^{n} y_i^2\right) = \sum_{i=1}^{n} M_i y_i \tag{1.43}$$

が得られる．最終的に，

$$\left.\begin{aligned} a\left(\sum_{i=1}^{n} x_i^2\right) + b\left(\sum_{i=1}^{n} x_i y_i\right) &= \sum_{i=1}^{n} M_i x_i \\ a\left(\sum_{i=1}^{n} x_i y_i\right) + b\left(\sum_{i=1}^{n} y_i^2\right) &= \sum_{i=1}^{n} M_i y_i \end{aligned}\right\} \tag{1.44}$$

の連立方程式を求めて，a, b の値が得られる．

1.8 誤差伝搬の法則

電圧 V, 電流 I を測定して $P=VI$ より電力 P を求める間接測定法の場合を例として考えてみる．電圧 V の誤差を ΔV, 電流 I の誤差を ΔI としたときに，この ΔV, ΔI の誤差がどのように伝搬して電力 P の誤差 ΔP に影響を及ぼすかということを**誤差伝搬の法則**（law of error propagation）という．

$$P=VI \tag{1.45}$$

より

$$\Delta P = I\Delta V + V\Delta I \tag{1.46}$$

と書ける．ΔP は**絶対誤差**（absolute error）で，**相対誤差**（relative error）$\Delta P/P$ は

$$\begin{aligned}\frac{\Delta P}{P} &= \frac{I\Delta V}{VI} + \frac{V\Delta I}{VI} \\ &= \frac{\Delta V}{V} + \frac{\Delta I}{I}\end{aligned} \tag{1.47}$$

と書ける．

たとえば，$V=100$ V，$\Delta V=0.5$ V，$I=20$ A，$\Delta I=0.1$ A の場合，絶対誤差 ΔP は

$$\Delta P = 20\cdot 0.5 + 100\cdot 0.1 = 20 \text{ W} \tag{1.48}$$

となり，相対誤差 $\Delta P/P$ は

$$\frac{\Delta P}{P} = \frac{0.5}{100} + \frac{0.1}{20} = 0.005 + 0.005 = 0.01 \tag{1.49}$$

となる．したがって，相対誤差は1％である．

次にこの誤差伝搬の法則を一般化する．

測定値を x として，その結果を y とすると間接測定法では，

$$y = f(x) \tag{1.50}$$

と書ける．x の誤差を Δx とした時，その間接測定の結果の誤差 Δy はテイラー

1.8 誤差伝搬の法則

(Taylor) 展開で以下の通り書ける．

$$y + \Delta y = f(x + \Delta x) = f(x) + \frac{\partial f(x)}{\partial x} \frac{\Delta x}{1!} + \frac{\partial^2 f(x)}{\partial x^2} \frac{\Delta x^2}{2!} + \cdots \tag{1.51}$$

Δx は非常に小さい値なので，Δx^2 以上の項を無視して，

$$\Delta y = \frac{\partial f(x)}{\partial x} \Delta x \tag{1.52}$$

が得られる．

一般にいくつかの量を測定して，変数を $x_1, x_2, \cdots, x_n$ とした時に，間接測定法の結果得られた値 y は

$$y = f(x_1, x_2, \cdots, x_n) \tag{1.53}$$

と書ける．$x_1, x_2, \cdots, x_n$ を測定した結果，それぞれ $\Delta x_1, \Delta x_2, \cdots, \Delta x_n$ の誤差が生じたときに，測定結果 y の誤差 Δy は

$$y + \Delta y = y + \frac{\partial y}{\partial x_1} \Delta x_1 + \frac{\partial y}{\partial x_2} \Delta x_2 + \cdots + \frac{\partial y}{\partial x_n} \Delta x_n \tag{1.54}$$

より，最大誤差

$$\Delta y = \left| \frac{\partial y}{\partial x_1} \Delta x_1 \right| + \left| \frac{\partial y}{\partial x_2} \Delta x_2 \right| + \cdots + \left| \frac{\partial y}{\partial x_n} \Delta x_n \right| \tag{1.55}$$

が得られる．ここで絶対値は誤差±の場合，おこり得る誤差の最大を取り，もっとも最悪の場合を考える．式 (1.55) の右辺の各項の値が等しくなるように測定する．

$x_1, x_2, \cdots, x_n$ が互いに独立ならば Δy の平均 2 乗誤差 Δy^2 は

$$\Delta y^2 = \left(\frac{\partial y}{\partial x_1} \Delta x_1 \right)^2 + \left(\frac{\partial y}{\partial x_2} \Delta x_2 \right)^2 + \cdots + \left(\frac{\Delta y}{\partial x_n} \Delta x_n \right)^2 \tag{1.56}$$

と書ける．

今一例を示す．抵抗 R は電圧 V，電流 I の測定より間接測定法で

$$R = \frac{V}{I} \tag{1.57}$$

から求められる．この場合抵抗 R の誤差 ΔR は

$$\varDelta R = \frac{1}{I}\varDelta V - \frac{V}{I^2}\varDelta I \tag{1.58}$$

となるが，最悪の場合を考えて，これの右辺の各項の絶対値を取り，最大誤差 $\varDelta R$ を考える．したがって，

$$\varDelta R = \left|\frac{1}{I}\varDelta V\right| + \left|\frac{V}{I^2}\varDelta I\right| \tag{1.59}$$

となる．今，$V=100\,\text{V}$，$\varDelta V=0.5\,\text{V}$，$I=20\,\text{A}$，$\varDelta I=0.1\,\text{A}$ としたときの最大絶対誤差 $\varDelta R$ は

$$\varDelta R = \frac{0.5}{20} + \frac{100\times 0.1}{20^2} = 0.025 + 0.025 = 0.05 \tag{1.60}$$

となる．この例のように，なるべく式 (1.59) の右辺の各項が

$$\left|\frac{1}{I}\varDelta V\right| = 0.025, \quad \left|\frac{V}{I^2}\varDelta I\right| = 0.025 \tag{1.61}$$

のように等しくなるように測定することが望ましい．

相対誤差 $\varDelta R/R$ は

$$\frac{\varDelta R}{R} = \left|\frac{\varDelta V}{V}\right| + \left|\frac{\varDelta I}{I}\right| = \frac{0.5}{100} + \frac{0.1}{20} = 0.01 \tag{1.62}$$

となる．したがって，相対誤差は1％である．

いま，x_1, x_2 を測定して，それぞれの誤差が $\varDelta x_1$, $\varDelta x_2$ の時，間接測定法で得られた四則演算の結果 $y=f(x_1, x_2)$ は次のようになる．

	$y=f(x_1, x_2)$	誤　差	相対誤差
和	$y=(x_1\pm\varDelta x_1)+(x_2\pm\varDelta x_2)$	$\|\varDelta x_1\|+\|\varDelta x_2\|$	$\dfrac{\|\varDelta x_1\|+\|\varDelta t_2\|}{x_1+x_2}$
差	$y=(x_1\pm\varDelta x_1)-(x_2\pm\varDelta x_2)$	$\|\varDelta x_1\|+\|\varDelta x_2\|$	$\dfrac{\|\varDelta x_1\|+\|\varDelta x_2\|}{x_1-x_2}$
積	$y=(x_1\pm\varDelta x_1)(x_2\pm\varDelta x_2)$ $=x_1x_2\pm x_1\varDelta x_2\pm x_2\varDelta x_1$	$\|x_1\varDelta x_2\|+\|x_2\varDelta x_1\|$	$\left\|\dfrac{\varDelta x_1}{x_1}\right\|+\left\|\dfrac{\varDelta x_2}{x_2}\right\|$
商	$y=\dfrac{x_1\pm\varDelta x_1}{x_2\pm\varDelta x_2}$ $=\dfrac{x_1}{x_2}+\dfrac{x_1}{x_2}\left(\pm\dfrac{\varDelta x_1}{x_1}\pm\dfrac{\varDelta x_2}{x_2}\right)$	$\dfrac{x_1}{x_2}\left(\left\|\dfrac{\varDelta x_1}{x_1}\right\|+\left\|\dfrac{\varDelta x_2}{x_2}\right\|\right)$	$\left\|\dfrac{\varDelta x_1}{x_1}\right\|+\left\|\dfrac{\varDelta x_2}{x_2}\right\|$

1.9 有効数字

計測では測定をいかに正確に行うかと同様に測定データの意味ある数字，すなわち**有効数字**(significant figure)が重要な役割を果たす．たとえば誤差が，±0.03 A 含まれる電流計で正確に測定して 3.1415 A 得られたとしても 3.1 A の 2 桁しか意味がない．すなわち，この場合の有効数字は 3.1 である．3.1 以下の値は誤差±0.03 に埋もれてしまう．

たとえば 1.23 と書けば，これは 1.22 でもなく，また 1.24 でもない．すなわち，実際の値は 1.22 と 1.24 の間にあることを意味する．したがって，誤差を考慮して書けば 1.23±0.005 となる．ここで 3.14 と 2.718 の和，差，積，商の四則演算をして有効数字の求め方を示す．

1. 和　$3.14+2.718 = 3.14±0.005+2.718±0.0005$
$$= 3.14+2.718±(0.005+0.0005)$$
$$= 5.858±0.0055$$

この場合，小数点以下 2 桁しか意味がないから四捨五入して 5.86 が有効数字である．

2. 差　$3.14-2.718 = 3.14±0.005-(2.718±0.0005)$
$$= 0.422\ ±0.0055$$

この場合も小数点以下 2 桁しか意味がないから四捨五入して 0.42 が有効数字である．ここで注意しなければならないことは，誤差の差の時 $0.005-0.0005=0.0045$ としてはいけない．いつも誤差の最悪の場合を考慮して $±0.005-(±0.0005)=±0.0055$ とする．

3. 積　$3.14×2.718 = (3.14±0.005)×(2.718±0.0005)$
$$= 3.14\left(1±\frac{0.005}{3.14}\right)×2.718\left(1±\frac{0.0005}{2.718}\right)$$
$$≒ 3.14(1±0.002)×2.718(1±0.0002)$$
$$≒ 8.53452(1±0.002)$$

この場合，小数点以下 2 桁しか意味がないから四捨五入して 8.53 が有効数字である．

4. 商 $\dfrac{3.14}{2.718} = \dfrac{3.14 \pm 0.005}{2.718 \pm 0.0005}$

$\qquad \doteqdot \dfrac{3.14(1 \pm 0.002)}{2.718(1 \pm 0.0002)}$

$\qquad \doteqdot 1.15526(1 \pm 0.002)$

この場合も小数点以下 2 桁しか意味がないから四捨五入して 1.16 が有効数字である．

この例のように四捨五入して有効数字だけにまとめあげる操作を**丸め**(rounding up) という．四捨五入のほかに四捨六入がある．この例を示す．

12.34 → 12.3 （丸めるべき数が 5 未満である場合は切捨てる．）

12.35 → 12.4 （丸めるべき数が 5 の時，その 1 桁上の数が奇数ならば繰上げる．）

12.45 → 12.4 （丸めるべき数が 5 の時，その 1 桁上の数が偶数ならば切捨てる．）

12.46 → 12.5 （丸めるべき数が 5 を超える場合は切上げる．）

四捨五入でいつも 5 を切上げると，その切上げた結果の和を取ると大きすぎる数になることがある．四捨六入の場合，5 の 1 桁上の数が奇数，偶数の出現する確率はほぼ等しいからこの例のように四捨六入で丸めた後，和を取っても大きすぎる数になることはない．

1.10 デシベル表示

電圧，電流，電力の値を知るとき，その絶対値の値よりも相対的な値を知りたい場合がある．たとえば，ある回路の入力電力，P_in と出力電力 P_out の比をとるような場合である．この場合 P_out/P_in を**電力利得**（power gain）という．この電力利得は

1.10 デシベル表示

$$G = 10 \log_{10}\left(\frac{P_{out}}{P_{in}}\right) \quad [\mathrm{dB}] \tag{1.63}$$

のように書き**デシベル**（dB, decibel）の記号で表現する．式（1.63）の例として，

$$\frac{P_{out}}{P_{in}} = 1.26 \text{ のとき } \quad 1\,\mathrm{dB}$$

$$\frac{P_{out}}{P_{in}} = 2 \quad \text{ のとき } \quad 3\,\mathrm{dB}$$

$$\frac{P_{out}}{P_{in}} = 10 \quad \text{ のとき } \quad 10\,\mathrm{dB}$$

である．今，図1.10のように各回路の入力と出力の電力をそれぞれ P_{in}, P_1, P_2,

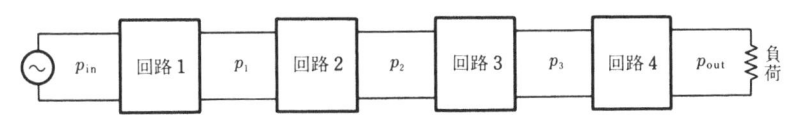

図 1.10 各回路の入力と出力の電力

P_3, P_{out} とすると，

$$\frac{P_{out}}{P_{in}} = \frac{P_1}{P_{in}} \times \frac{P_2}{P_1} \times \frac{P_3}{P_2} \times \frac{P_{out}}{P_3} \tag{1.64}$$

となる．

デシベルではそれぞれの和となる．たとえば，回路1, 2, 3, 4での電力利得がそれぞれ 1 dB, 2 dB, 3 dB, 4 dB なら全電力利得はその和 1+2+3+4 = 10 dB と計算できる．さらにデシベルを使うと数が大きくならない便利さがある．

電圧利得（voltage gain）の場合は，図1.11に示すように入力電圧 V_{in}, 入力抵抗 R_{in}, 出力電圧 V_{out}, 負荷抵抗 R_L とすれば $R_{in} = R_L$ の時，

$$G = 10 \log_{10}\left(\frac{P_{out}}{P_{in}}\right)$$

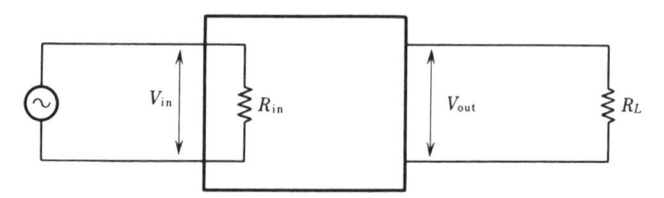

図 1.11 入力電圧 V_{in}，入力抵抗 R_{in}，出力電圧 V_{out}，負荷抵抗 R，との関係

$$= 10 \log_{10}\left(\frac{V_{out}^2}{R_L} \times \frac{R_{in}}{V_{in}^2}\right) = 20 \log_{10}\left(\frac{V_{out}}{V_{in}}\right) \tag{1.65}$$

と書ける．

しかし，普通，入力抵抗，負荷抵抗が等しかろうが，等しくなかろうが電圧利得 G_V は

$$G_V = 20 \log_{10}\left(\frac{V_{out}}{V_{in}}\right)$$

と定義する．今，電力利得と電圧利得を図 1.12 に示す．

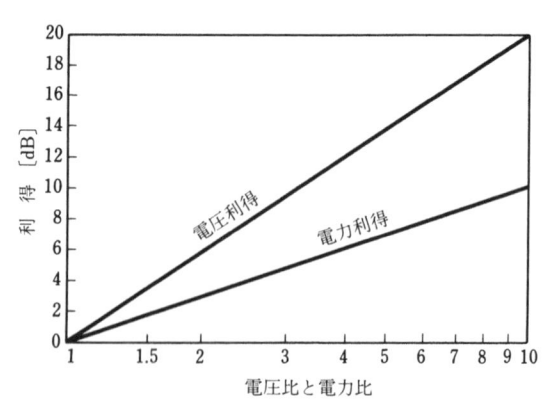

図 1.12 電力利得と電圧利得

電力 P mW の場合，$1\,\mathrm{mW}(=10^{-3}\,\mathrm{W})$ を基準として，$10 \log_{10} P$ 〔dBm〕と表示する．すなわち，

$$1\,\mathrm{mW} \to 10 \log_{10} 1 = 0\,\mathrm{dBm}$$

$$10\,\mathrm{mW} \to 10\,\log_{10}10 = 10\,\mathrm{dBm}$$
$$100\,\mathrm{mW} \to 10\,\log_{10}100 = 20\,\mathrm{dBm}$$

である．電圧計で目盛がデシベル表示されている時，0 dBm は 0.775 V に相当する．これは初期の電話システムで線路の基準インピーダンスとして 600 Ω をとり，ここで消費される電力は $0.775^2/600 = 1\,\mathrm{mW}$ であることに由来している．

練 習 問 題

[1] 式 (1.6) で $k_1 = \dfrac{1}{\varepsilon_0}$, $k_2 = \dfrac{1}{\mu_0}$, $k_3 = 1$ とし，$\mu_0 = 10^{-7}\,\mathrm{H/m}$ と定義すれば $\varepsilon_0 = \dfrac{10^7}{c^2}$ F/m となることを示せ．この単位系を **MKS 非有理単位系**という．

[2] 式 (1.15) を導け．

[3] 今，電流を測定して，12.3 mA, 13.2 mA, 12.7 mA, 13.1 mA, 12.5 mA を得た．このとき平均値，偏差の平均値，標準偏差，確率誤差を求めよ．

[4] 下表に示すデータは，温度 $t\,[^\circ\mathrm{C}]$ のときの銅の電気抵抗 $R(t)\,[\Omega]$ の測定値である．最小 2 乗法を用いて $R(t)$ の実験式 $R(t) = R(0)(1 + at)$ を求めよ．

$t\,[^\circ\mathrm{C}]$	22.5	28.5	35.8	42.5	50.0
$R(t)\,[\Omega]$	7.42	7.62	7.82	8.02	8.21

[5] x を測定して $y = ae^{bx}$ を得た．未知数 a, b を最小 2 乗法で求めよ．

[6] $f(x_1, x_2, x_3) = kx_1^a \cdot x_2^{-b} \cdot x_3^c$ (k, a, b, c は定数) の時の相対誤差 $\dfrac{\Delta f}{f}$ を求めよ．

[7] 電流計の読みから $I\,[\mathrm{A}]$，抵抗計の読みから $R\,[\Omega]$ を得た．これから電力を求める場合，誤差伝播の法則を用いて，電流計は抵抗計より 2 倍の精度の良さが要求されることを示せ．

[8] ある測定結果，3.14 ± 0.02 と 10.34 ± 0.04 を得た．この二つの値を掛け合わせた結果を求めよ．

[9] 7.22, 6.2, 18.231 の和を求めて，四捨六入の丸め操作をして有効数字を求めよ．

[10] 出力 30 W の増幅器がインピーダンス 20 Ω のスピーカに接続されている．増幅器の電力利得，電圧利得がそれぞれ 35 dB, 45 dB のとき，増幅器の入力電力と入力電圧を求めよ．ただし損失は考えないとする．

2 雑 音

　計測における雑音とは，計測しようとする物理量以外の計測の際に混入したり，妨害したりする物理量である．

　計測では**雑音**(noise)をなくすことは不可能である．もし雑音が存在しなければ，どんな信号でも検出することができる．しかし，測定器自身の本来の雑音である**内部雑音**(internal noise)，外部の電磁界のゆらぎの影響などによる**外部雑音** (external noise)が存在し，測定に不確定性を残す．雑音に埋もれた**信号**(signal)の検出度向上を画るために，雑音をできるだけ小さくすることが電気電子計測で重要である．

　まず初めに内部雑音の一種である**熱雑音**(thermal noise)，**ショット雑音**(shot noise)，**フリッカ雑音** (flicker noise)，または $1/f$ **雑音**について述べ，次にそれら雑音の統計的処理について述べる．

2.1 熱 雑 音

　熱雑音はこの雑音を研究した人の名を取って，**ジョンソン雑音**(Johnson noise)または**ナイキスト雑音** (Nyquist noise)ともいう．

　これは電流を運ぶ荷電粒子が，不規則な熱運動をすることによって生じる雑音である．通常，導体内あるいは抵抗体内では，電流に関与するキャリヤ（電子または正孔）が，印加電圧がないときは，自由に熱運動をしている．このキャリヤの動きにより，抵抗体の両端では，微少な電圧あるいは電流ゆらぎが生じる訳である．これが熱雑音である．

　絶対温度 $T[\mathrm{K}]$ で抵抗 $R[\Omega]$ に生じる2乗平均の雑音電圧は

2.1 熱雑音

$$\overline{e^2} = 4kTRB \tag{2.1}$$

で与えられる．ここで k は**ボルツマン定数**(Boltzmann constant)で，$k = 1.38 \times 10^{-23}$ J/K である．B〔Hz〕は雑音の周波数バンド幅である．

雑音電流の2乗平均を $\overline{i^2}$ で表せば，

$$\overline{i^2} = \frac{\overline{e^2}}{R^2} = 4kT\frac{B}{R} \tag{2.2}$$

となる．すなわち，図 2.1 に示すように，その等価回路は雑音起電力 $\overline{e^2}$ を回路中の抵抗 R に直列につないだもので表せる．

いま図 2.1 の回路に図 2.2 のように受信機を接続し，その入力インピーダンスを Z とすると，Z で消費される雑音電力 P は

$$P = \frac{\overline{e^2}}{(R+Z)^2} Z \tag{2.3}$$

と書ける．この P の最大値は式 (2.3) を Z で微分して，

$$\frac{dP}{dZ} = \overline{e^2} \frac{R-Z}{(R+Z)^3} \tag{2.4}$$

が得られるから，$R = Z$ で最大雑音電力が得られる．このように，抵抗 R が受信機の入力インピーダンス Z と等しくなった場合を**整合** (matching) といい，このときの最大雑音電力を N_i で表せば，$R = Z$ を式 (2.3) に代入して

$$N_i = \frac{\overline{e^2}}{4R} = kTB \tag{2.5}$$

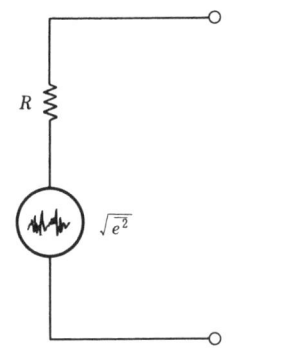

図 2.1 雑音起電力と抵抗

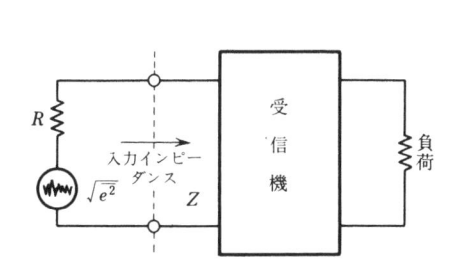

図 2.2 受信機に入る雑音電圧

が得られる．N_i は**有能入力雑音電力** (available input noise power) ともいう．
有能とはこの例のように $R=Z$ で整合が取れた場合の最大電力を意味している．
式(2.5)からわかるように，N_i は抵抗値Rとは無関係で，温度Tと周波数バンド幅Bにのみ依存する．

2.2 ショット雑音

これは**散弾雑音**ともいい，印加電界による荷電粒子の変動（ドリフト）に基づいて生じる雑音である．たとえば，真空管中で，電子が陰極からランダムな時間間隔で放出されると，その電子は陽極にランダムに到達し，**ショット雑音** (shot noise)と呼ばれるランダム雑音電流が生じる．真空管ばかりではなく，トランジスタまたはp-n接合ダイオードでも生じる．つまり，電位障壁を越える電子または正孔のキャリヤの移動は，ちょうど真空管内でのメカニズムと同様に考えることができるので，ショット雑音が生じる．

いまある温度でダイオードに生じる雑音電流の2乗平均は

$$\overline{i^2} = 2qIB \tag{2.6}$$

と書ける．ここでqは電子の電荷で$q = 1.6 \times 10^{-19}$C，Iは平均電流，Bは雑音バンド幅である．

2.3 フリッカ雑音

この**フリッカ雑音** (flicker noise) は**過剰雑音**とも呼ばれる．この雑音の電力スペクトル（パワースペクトル）は周波数に反比例して大きさが変わる．つまり，この雑音の特徴は低周波域で大きな雑音電力を生じることである．いま周波数をf〔Hz〕とすると，雑音の大きさを示す**パワースペクトル密度** (power spectrum density) は$1/f^\alpha$に比例する．普通，この雑音は$\alpha = 1$に近いので1/f雑音とも呼ばれる．金属，半導体などの抵抗体，トランジスタ等の半導体デバイス，原子発振器，水晶発振器，超伝導干渉素子 (SQUID；superconducting quantum interference device) でも観測されている．

2.4 信号対雑音比（SN 比）

信号電力 P_s と雑音電力 P_n との比，または信号電圧 V_s と雑音電圧 V_n との比を**信号対雑音比**（signal to noise ratio；SN 比）といい，第 1 章の 1.10 節で述べたデシベル〔dB〕を使い次のように定義する．

$$S/N = 10 \log_{10} \frac{P_s}{P_n} = 20 \log_{10} \frac{V_s}{V_n} \text{〔dB〕} \tag{2.7}$$

この SN 比が大きいほど雑音が抑圧され，信号の検出度が良くなる．たとえば，信号電力 $P_s = 250$ mW，雑音電力 $P_n = 10$ mW の時の信号電力と雑音電力の比 $P_s/P_n = 25$ 倍は式（2.7）より，SN 比として，14 dB となる．

2.5 雑 音 指 数

電気電子計測では，たとえば**増幅器**（amplifier），**変換器**（transducer），**受信機**（receiver）などの入力での SN 比，S_i/N_i と出力での SN 比，S_o/N_o の比を**雑音指数**（noise figure）F と定義する．図 2.3 の受信機を考える．このとき雑音指数 F は次のように書ける．

$$F = \frac{S_i/N_i}{S_o/N_o} \tag{2.8}$$

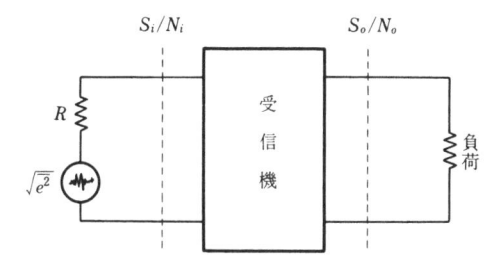

図 2.3 受信機の入力と出力の SN 比，S_iN_i と S_oN_o

すなわち，雑音指数は受信機内での雑音が増える割合で，受信機内での雑音が多いほど出力でのSN比 S_o/N_o が低下する．理想的な場合は $F=1(0\,\text{dB})$ である．

いま**有能利得**（available gain）を

$$G=\frac{S_o}{S_i} \tag{2.9}$$

と定義して，この式 (2.9) と (2.5) の有能入力雑音電力 N_i を式 (2.8) に代入して，

$$F=\frac{N_o}{kTBG} \tag{2.10}$$

とも書ける．

次に受信機の代りに利得 G の増幅器を考える．入力信号 S_i，入力雑音 N_i，出力信号 S_o，出力雑音 N_o，増幅器内部で発生する雑音 $\varDelta N$ を図2.4に示す．

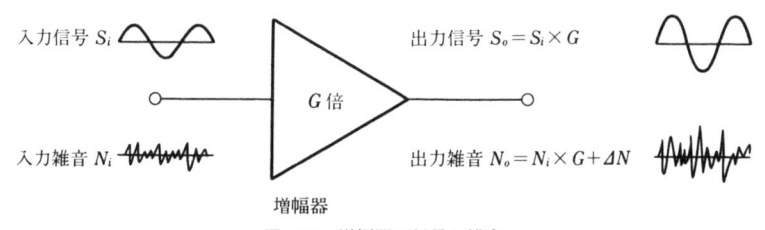

図 2.4 増幅器の信号と雑音

図2.4で出力雑音 N_o には増幅器内部で発生する雑音 $\varDelta N$ を加えて，

$$N_o=N_i\times G+\varDelta N \tag{2.11}$$

と書ける．式 (2.5) の N_i を (2.11) に代入して

$$N_o=kTBG+\varDelta N \tag{2.12}$$

となる．式 (2.12) を (2.10) に代入して，雑音指数 F は

$$\begin{aligned}F&=\frac{kTBG+\varDelta N}{kTBG}\\&=1+\frac{\varDelta N}{kTBG}\end{aligned} \tag{2.13}$$

と書ける．式 (2.13) から $\varDelta N$ は

2.5 雑音指数

$$\Delta N = (F-1)kTBG \tag{2.14}$$

とも書ける.

次に雑音指数 F_1, 利得 G_1, 周波数バンド幅 B の増幅器と, 雑音指数 F_2, 利得 G_2, 周波数バンド幅 B の増幅器を2段接続した場合を考える. これを図2.5に示す.

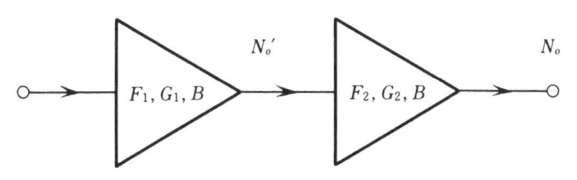

図 2.5 増幅器の2段接続

図2.5で第1段の増幅器の出力雑音を N_o' とすると, 式 (2.10) より

$$F_1 = \frac{N_o'}{kTBG_1} \tag{2.15}$$

または

$$N_o' = kTBF_1G_1 \tag{2.16}$$

と書ける.

第2段の増幅器の出力雑音を N_o とすると,

$$N_o = N_o'G_2 + \Delta N_2 \tag{2.17}$$

となる. ここで ΔN_2 は第2段の増幅器内部で発生する雑音で, 式(2.14)より,

$$\Delta N_2 = (F_2-1)kTBG_2 \tag{2.18}$$

と書ける. 式 (2.16), (2.18) を式 (2.17) に代入して,

$$N_o = kTBF_1G_1G_2 + (F_2-1)kTBG_2 \tag{2.19}$$

と書ける. ところで増幅器を2段接続した時, 式 (2.10) の定義より,

$$F_o = \frac{N_o}{kTBG_1G_2} \tag{2.20}$$

または,

$$N_o = kTBF_oG_1G_2 \tag{2.21}$$

となる. 式 (2.21) を (2.19) に代入して, 両辺を $kTBG_1G_2$ で割ると,

$$F_o = F_1 + \frac{F_2 - 1}{G_1} \tag{2.22}$$

が得られる．増幅器を N 段接続すれば，

$$F_o = F_1 + \frac{F_2 - 1}{G_1} + \frac{F_3 - 1}{G_1 G_2} + \cdots + \frac{F_N - 1}{G_1 G_2 \cdots G_{N-1}} \tag{2.23}$$

となる．1段目の増幅器で発生する雑音がすべて N 段目までの増幅器を通過するので，式(2.23)の雑音指数はほぼ1段目の増幅器の雑音に大きく依存する．

2.6 集合平均，時間平均，エルゴード性

図2.6に示すように，n 個の抵抗体 $R_1, R_2, \cdots, R_n$ に電流を流して，それら抵抗体の電圧のゆらぎを**オシロスコープ** (oscilloscope) で観測したとする．この観測波形を図2.6の右側に示す．なお，n 個の抵抗体は全く同じ条件の下で製作したとする．

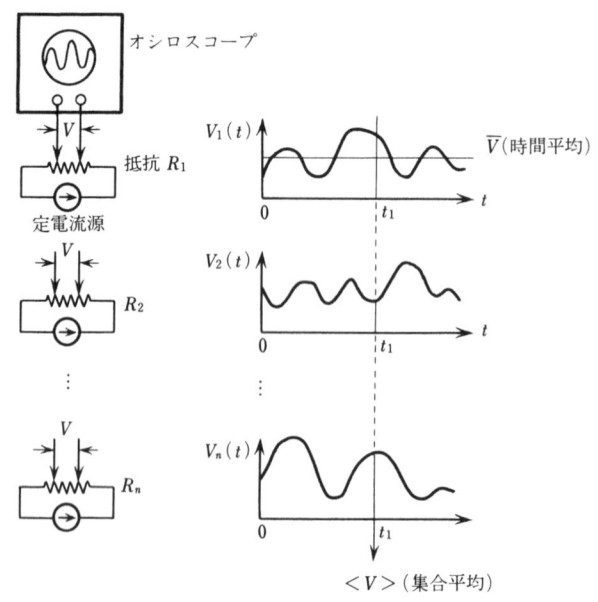

図 2.6 抵抗体の電圧ゆらぎ

今，抵抗 R_1 のみによる一つの電圧波形からその電圧の**時間平均** (time average) を

$$\bar{V} = \lim_{T \to \infty} \frac{1}{T} \int_0^T V_1(t)\, dt \qquad (2.24)$$

とする．次に抵抗 R_1, $R_2, \cdots$, R_n による $t=t_1$ での多数の電圧値の**集合平均** (ensemble average)，または**アンサンブル平均**を

$$\langle V \rangle = \lim_{N \to \infty} \frac{1}{N} \sum_{n=1}^{N} V_n(t_1) \qquad (2.25)$$

と定義する．

そのとき，式 (2.24) と (2.25) を等しく置いて，

$$\bar{V} = \langle V \rangle$$

が成立するとき，**エルゴード性** (ergodic) をもつという．エルゴード過程はすべて**定常過程** (stationary process) であるという．しかし，この逆の定常過程は必ずしもエルゴード性ではない．この定常過程とは統計量が時間に依存しないことをいい，たとえば，式 (2.25) は特別な時間 t_1 についてのみ集合平均を取ったが，定常過程の場合 t_1 に依存しない．これから述べる**確率密度関数，確率分布関数**，それから導かれる**1次のモーメント (平均値)**，**2次のモーメント (2乗平均値)**，**分散，自己相関関数，パワースペクトル密度**が時間 t によらない場合も定常過程である．

2.7 確率密度関数，確率分布関数

確率密度関数 (probability density function) を定義する方法として，観測時間から定義する方法と，集合の数から定義する方法がある．

まず，観測時間から定義する．図 2.7 に示すように，確率密度関数 $p(x)$ は**ランダム変数** (random variable) x と $x+\Delta x$ の間に含まれる時間切片を Δt_1, $\Delta t_2, \cdots, \Delta t_n$ とすると，これら時間の和の Δx に対する割合を全観測時間 T で割って，

$$p(x) = \lim_{\substack{\Delta x \to 0 \\ T \to \infty}} \frac{(\Delta t_1 + \Delta t_2 + \cdots + \Delta t_n)/\Delta x}{T} \qquad (2.26)$$

と定義できる．

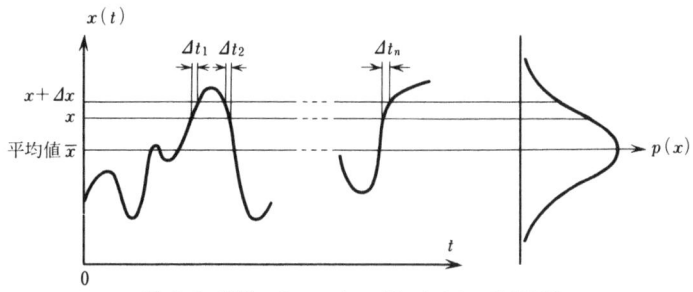

図 2.7 変数 x と $x+\Delta x$ の間に含まれる時間切片，$\Delta t_1, \Delta t_2, \cdots, \Delta t_n$ と確率密度関数 $p(x)$

次に，集合の数から定義する．ランダム変数 $x(t)$ が全部で N 個あり，ある時刻 $t=t_1$ で，x と $x+\Delta x$ の間に含まれる変数が $n(x)$ 個あるとすると，

$$p(x) = \lim_{\substack{\Delta x \to 0 \\ N \to \infty}} \frac{n(x)/\Delta x}{N} \tag{2.27}$$

と定義できる．定常過程であると仮定すれば，次式となる．

$$p(x) = p(x, t_1) = p(x, t+t_1) \tag{2.28}$$

式 (2.26)，(2.27) の場合，ある測定値が無限小の幅 dx 内に含まれる確率は $p(x)dx$ と表される．したがって，有限範囲 x_1 から x_2 内に存在する確率は

$$p(x_1 < x < x_2) = \int_{x_1}^{x_2} p(x)\,dx \tag{2.29}$$

となる．

x のすべての値にわたり確率密度の積分は 1 になるから，

$$\int_{-\infty}^{\infty} p(x)\,dx = 1 \tag{2.30}$$

となる．

確率分布関数 (probability distribution function) または**累積分布関数** (cumulative distribution function) $P(x)$ は

$$P(x) = \int_{-\infty}^{x} p(x)\,dx \tag{2.31}$$

または

2.7 確率密度関数，確率分布関数

$$1-P(x)=\int_x^\infty p(x)\,dx \tag{2.32}$$

と定義する．

次に各種雑音の**モーメント**（moment）を次のように定義する．

$$\langle x^n \rangle = \int_{-\infty}^\infty x^n p(x)\,dx \tag{2.33}$$

$n=1$ の 1 次モーメント $\langle x \rangle$ は平均値で，$n=2$ の 2 次モーメント $\langle x^2 \rangle$ は 2 乗平均値である．**分散**（variance）V は

$$V = \langle x^2 \rangle - \langle x \rangle^2 \tag{2.34}$$

と定義する．

以下各種雑音の確率密度関数 $p(x)$，確率分布関数 $P(x)$，1 次のモーメント（平均値）$\langle x \rangle$，2 次のモーメント（2 乗平均値）$\langle x^2 \rangle$，分散 V についてまとめる．

（a） ガウス分布または正規分布

熱雑音またはショット雑音がこのガウス分布に従う．ガウス分布は第 1 章の 1.6 節の図 1.9 に示してある．

ガウス分布の確率密度関数：

$$p(x) = \frac{1}{\sqrt{2\pi}\,\sigma} e^{-\frac{x^2}{2\sigma^2}} \tag{2.35}$$

ガウス分布の確率分布関数：

$$P(x) = \frac{1}{2}\left\{1 + \mathrm{erf}\left(\frac{x}{\sqrt{2}\,\sigma}\right)\right\} \tag{2.36}$$

$\mathrm{erf}(z)$ は誤差関数で式（1.30）で定義したように，

$$\mathrm{erf}(z) = \frac{2}{\sqrt{\pi}} \int_0^z e^{-t^2} dt \tag{2.37}$$

と定義される．

ガウス分布の 1 次のモーメント（平均値）：

$$\langle x \rangle = \int_{-\infty}^\infty x\,p(x)\,dx = 0 \tag{2.38}$$

ガウス分布の 2 次のモーメント（2 乗平均値）：

$$\langle x^2 \rangle = \int_{-\infty}^{\infty} x^2 p(x)\,dx = \sigma^2 \tag{2.39}$$

ガウス分布の分散：
$$V = \langle x^2 \rangle - \langle x \rangle^2 = \sigma^2 \tag{2.40}$$

（b）レイリー分布

狭帯域フィルタへの入力がガウス分布に従う雑音の場合，その出力は**レイリー分布** (Rayleigh distribution) に従う雑音となる．

入力ガウス雑音を
$$p(x_1) = \frac{1}{\sqrt{2\pi}\,\sigma} e^{-\frac{x_1^2}{2\sigma^2}} \tag{2.41}$$

$$p(x_2) = \frac{1}{\sqrt{2\pi}\,\sigma} e^{-\frac{x_2^2}{2\sigma^2}} \tag{2.42}$$

としたときに，フィルタの出力波の振幅 x は
$$x = (x_1^2 + x_2^2)^{\frac{1}{2}} \tag{2.43}$$

で与えられる．この x がレイリー分布に従う．すなわち，

レイリー分布の確率密度関数：
$$p(x) = \frac{2x}{\sigma^2} e^{-\frac{x^2}{\sigma^2}} \tag{2.44}$$

レイリー分布の確率分布関数：
$$P(x) = 1 - e^{-\frac{x^2}{\sigma^2}} \tag{2.45}$$

レイリー分布の1次のモーメント（平均値）：
$$\langle x \rangle = \int_{-\infty}^{\infty} x p(x)\,dx = \sigma \Gamma\!\left(\frac{3}{2}\right) = \frac{\sqrt{\pi}}{2} \sigma \tag{2.46}$$

ここで，$\Gamma(z)$ は**ガンマ関数** (Gamma function) で，
$$\Gamma(z) = \int_0^{\infty} e^{-t} t^{z-1}\,dt \tag{2.47}$$

と定義される．典型的なガンマ関数の値を表2.1に示す．

レイリー分布の2次のモーメント（2乗平均値）：
$$\langle x^2 \rangle = \int_{-\infty}^{\infty} x^2 p(x)\,dx = \sigma^2 \Gamma(2) = \sigma^2 \tag{2.48}$$

レイリー分布の分散：

$$V = \langle x^2 \rangle - \langle x \rangle^2 = \left(1 - \frac{\pi}{4}\right)\sigma^2 \tag{2.49}$$

となる．図2.8にレイリー分布の確率密度関数を示す．

表 2.1 典型的なガンマ関数の値

z	1	$\frac{1}{2}$	$\frac{3}{2}$	2	$\frac{5}{2}$	3	$\frac{7}{2}$	4
$\Gamma(z)$	1	$\sqrt{\pi}$	$\frac{\sqrt{\pi}}{2}$	1	$\frac{3\sqrt{\pi}}{4}$	2	$\frac{15\sqrt{\pi}}{8}$	6

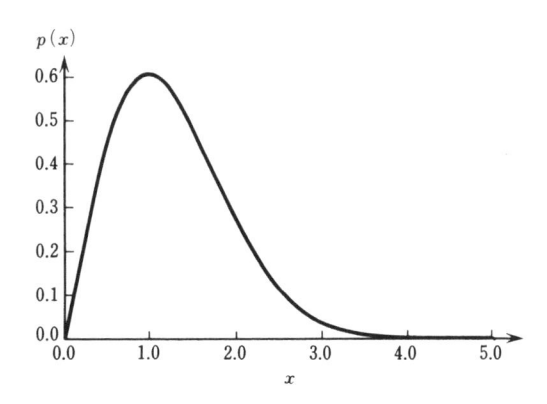

図 2.8 式 (2.44) のレイリー分布の確率密度関数．$\sigma=1$ としてある

2.8 自己相関関数

図2.9に示すように，不規則信号波形 $x(t)$ が時間 τ だけ離れたときの $x(t+\tau)$ との積の平均値を**自己相関関数** (autocorrelation function) と定義する．すなわち，自己相関関数 $R(t,\tau)$ は

$$R(t,\tau) = x(t)x(t+\tau) \text{ の平均} \tag{2.50}$$

である．τ を遅れ時間，ラグ (lag) と呼ぶ．

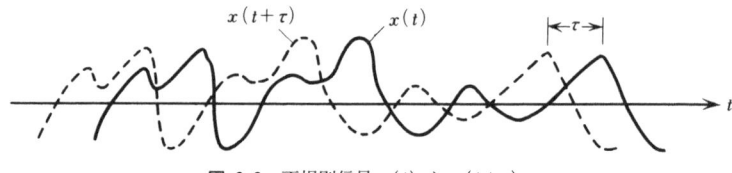

図 2.9 不規則信号 $x(t)$ と $x(t+\tau)$

自己相関関数も時間平均と集合平均から定義される．時間平均の場合には，

$$R(\tau) = \overline{x(t)x(t+\tau)}$$
$$= \lim_{T \to \infty} \frac{1}{T} \int_{-\frac{T}{2}}^{\frac{T}{2}} x(t)x(t+\tau)\,dt \qquad (2.51)$$

であり，集合平均の場合は，標本の数をNとして，

$$R(\tau) = \langle x(t)x(t+\tau) \rangle$$
$$= \lim_{N \to \infty} \frac{1}{N} \sum_{k=1}^{N} x_k(t)x_k(t+\tau) \qquad (2.52)$$

となる．エルゴード性を仮定すれば式 (2.51) と (2.52) は等しい．

2.9 パワースペクトル密度

パワースペクトル密度（power spectrum density）または**電力スペクトル密度** $S(f)$ は次のように定義される．

$$S(f) = \lim_{T \to \infty} \frac{1}{T} \langle |\int_{-\frac{T}{2}}^{\frac{T}{2}} x(t) e^{-j2\pi ft} dt|^2 \rangle \qquad (2.53)$$

$S(f)$ はまた**ウィーナー・ヒンチン**（Wiener-Khintchine）**の定理**によって，自己相関関数 $R(\tau)$ の**フーリエ変換**（Fourier transform）である．すなわち，

$$S(f) = \int_{-\infty}^{\infty} R(\tau) \cdot e^{-j2\pi f\tau} d\tau \qquad (2.54)$$

またはこの逆変換で，

$$R(\tau) = \int_{-\infty}^{\infty} S(f) \cdot e^{j2\pi f\tau} df \qquad (2.55)$$

である．

2.9 パワースペクトル密度

自己相関関数とパワースペクトル密度は偶関数なので，式 (2.54), (2.55) はもっと簡単に

$$S(f) = \int_{-\infty}^{\infty} R(\tau) \cdot \cos 2\pi f\tau \cdot d\tau$$
$$= 2\int_{0}^{\infty} R(\tau) \cdot \cos 2\pi f\tau \cdot d\tau \tag{2.56}$$

または，

$$R(\tau) = \int_{-\infty}^{\infty} S(f) \cdot \cos 2\pi f\tau \cdot df$$
$$= 2\int_{0}^{\infty} S(f) \cdot \cos 2\pi f\tau \cdot df \tag{2.57}$$

と書ける．

一例として，自己相関関数を

$$R(\tau) = e^{-a|\tau|} \tag{2.58}$$

とすると，$e^{-a|\tau|}$ が偶関数なので，式 (2.56) に代入して

$$S(f) = 2\int_{0}^{\infty} e^{-a\tau} \cos 2\pi f\tau \cdot d\tau$$
$$= \frac{2a}{a^2 + (2\pi f)^2} \tag{2.59}$$

が得られる．

なお，式 (2.59) を求めるのに

$$\int_{0}^{\infty} e^{-ax} \cos(bx) \, dx = \frac{a}{a^2 + b^2} \quad (a > 0) \tag{2.60}$$

の公式を使用した．

式 (2.59) は**ローレンツ型スペクトル** (Lorentz type spectrum) で $f = a/2\pi$ で $S(f)$ は半分 (3 dB) となり，f を**緩和周波数** (relaxation frequency) と呼ぶ．その周波数以下においては平坦であり，それ以上の周波数領域においては $1/f^2$ 型のスペクトルが得られる．

雑音は不規則にゆらいでいる．しかしこれらの一見でたらめに見える不規則な雑音ゆらぎの時系列に対して，前に述べたように定常性とエルゴード性とい

う二つの統計的性質が成り立つならば，我々はその時系列に対するパワースペクトルを得ることができる．そしてこのパワースペクトルを通して雑音のゆらぎの世界を調べると，代表的なゆらぎとして，そのフーリエ周波数依存性が

（1） $1/f^0$ 型ホワイト雑音（白色雑音）
（2） $1/f$ 型フリッカ雑音（ピンク雑音）
（3） $1/f^2$ 型ランダム・ウォーク（酔歩）
（4） 式 (2.59) のローレンツ型スペクトル

と分類される．この関係図を図 2.10 に示す．なお，この章の始めで述べた熱雑音，ショット雑音は (1) のホワイト雑音である．

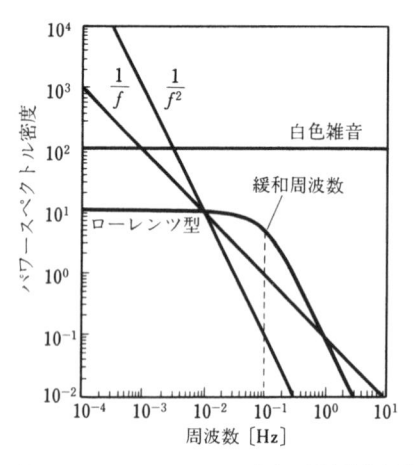

図 2.10 パワースペクトル密度の周波数依存性

一例として**電界効果トランジスタ**（FET；field effect transistor）の雑音パワースペクトル密度を図 2.11 に示す．

図 2.11 に示すように，低周波で $1/f$ 雑音が発生し，次にローレンツ型スペクトル雑音が生じる．この雑音は電荷の生成-再結合雑音で，始めは平坦で次に $1/f^2$ 雑音となる．生成-再結合の緩和時間に相当する緩和周波数が観測される．次にこの章の始めに述べた熱雑音またはショット雑音が発生し，これは白色雑音で平坦である．最後に高周波雑音である f^2 雑音が生じる．

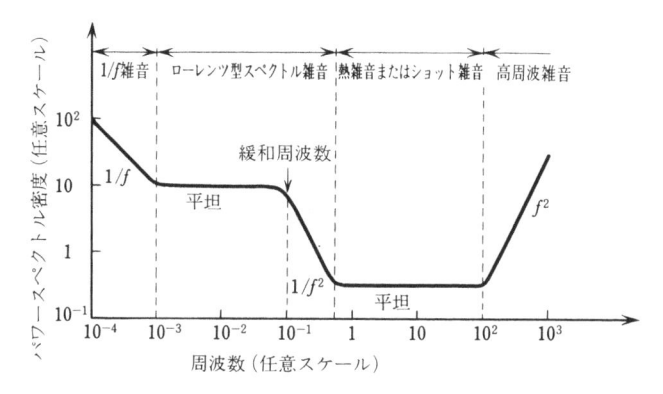

図 2.11 電界効果トランジスタの雑音パワースペクトル密度

練 習 問 題

[1] 下図の回路で負荷 Z で消費される電力 P は式 (2.3) で書けることを示せ.

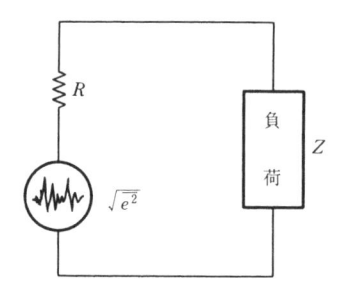

[2] 増幅器の入力信号 $S_i=10\,\mathrm{mW}$, 入力雑音 $N_i=1\,\mathrm{mW}$, 増幅器の電力利得 $G=20$ 倍, 増幅器内部で発生する雑音 $\Delta N=3\,\mathrm{mW}$ とした時の雑音指数を求めよ.

[3] 雑音指数がそれぞれ F_1, F_2, F_3, 利得がそれぞれ G_1, G_2, G_3, 周波数バンド幅 B の増幅器を 3 段接続した時の雑音指数が

$$F_0 = F_1 + \frac{F_2-1}{G_1} + \frac{F_3-1}{G_1 G_2}$$

となることを示せ.

[4] 式 (2.45) の確率分布関数を微分して, 式 (2.44) の確率密度関数となることを示せ. すなわち

$$\frac{dP(x)}{dx} = p(x)$$
となることを示せ．

[5] 確率密度関数として
$$p(x) = \frac{c}{\sigma}\left(\frac{x}{\sigma}\right)^{c-1} e^{-\left(\frac{x}{\sigma}\right)^2}$$
の**ワイブル分布**（Weibull distribution）を考える．ここで，σ は**尺度パラメータ**（scale parameter），c は**形状パラメータ**（shape parameter）である．このワイブル分布の確率分布関数，1次のモーメント（平均値），2次のモーメント（2乗平均値），分散をそれぞれ求めて，$c=2$ の時はその結果が式 (2.45)，(2.46)，(2.48)，(2.49) のレイリー分布の場合と一致することを確かめよ．

[6] ある物理量 $x(t)$ が単純緩和過程に従うとする．つまり，
$$\frac{dx(t)}{dt} = -ax(t)$$
が成り立つとする．このとき，解が
$$x(t) = e^{-at}$$
であることを示し，
$$\overline{x(t)x(t+\tau)} = e^{-a\tau} \quad (\tau > 0)$$
となることを示せ．ただし時間平均 $\overline{x^2(t)} = 1$ とする．これが式(2.58)である．

[7] 自己相関関数を
$$R(\tau) = e^{-a^2\tau^2}$$
としたとき，式(2.56)よりパワースペクトル密度 $S(f)$ を求めよ．ただし，以下の公式を使用せよ．
$$\int_0^\infty e^{-a^2x^2}\cos(bx)\,dx = \frac{\sqrt{\pi}}{2a} e^{-\frac{b^2}{4a^2}} \quad (a > 0)$$

3 測定と標準

3.1 SI単位と標準

　第1章で述べたように，電気電子計測においては単位系の確立は重要である．ある物理量を測定して実験データが得られたとき，基本量に関する単位を統一する必要がある．たとえば，日本では昔は尺貫法で，長さを尺(1尺＝0.303 m)，重さを貫(1貫＝3.75 kg)で表していた．英国においてもニュートンの時代，長さの単位はロンドン・インチ（1ロンドン・インチ＝0.3048 m），重さの単位はトロイ・オンス（1トロイ・オンス＝31.1 g）が使われていた．このように各国で違った単位を使っている限り不便である．そこで単位を世界的に統一するために，「à tous les peuples, à tous les temps」（すべての人に，すべての時代に）をモットーにして，1875年(明治8年)**メートル条約**(convention du mètre)が締結された．日本がこの条約に加盟したのは10年後の1885年（明治18年）であった．

　この機関の**国際度量衡総会**（CGPM：Conférence General des Poids et Mesures）は1960年の第11回総会で「メートル条約に加盟しているすべての国が採用しうる実用的な単位系」として，**国際単位系**(SI；Systemè International d'Unitês) を定めた．**基本単位**（base unit, fundamental unit）としては表3.1の7個を定めた．

　さらに**補助単位**（supplementary unit）としては表3.2の2個を定めた．
　表3.1のSI基本単位と，表3.2のSI補助単位から多くの単位が組み立てられる．これを**組立単位**（derived unit）と呼ぶ．表3.3に電気単位系のSI組立

表 3.1 SI 基本単位

量	名称	記号
長さ	メートル	m
質量	キログラム	kg
時間	秒	s
電流	アンペア	A
温度	ケルビン	K
物質量	モル	mol
光度	カンデラ	cd

表 3.2 SI 補助単位

量	名称	記号
平面角	ラジアン	rad
立体角	ステラジアン	sr

表 3.3 電気単位系の SI 組立単位

量		名称	記号	次元
周波数	f	ヘルツ	Hz	s^{-1}
電力	P	ワット	W (J/s)	$m^2\ kg\ s^{-3}$
電荷, 電気量	Q	クーロン	C (A·s)	sA
起電力, 電圧	V	ボルト	V (J/C, W/A)	$m^2\ kg\ s^{-3}\ A^{-1}$
電界の強さ	E	ボルト毎メートル	V/m	$m\ kg\ s^{-3}\ A^{-1}$
電気抵抗	R	オーム	Ω (V/A)	$m^2\ kg\ s^{-3}\ A^{-2}$
コンダクタンス	G	ジーメンス	S (Ω^{-1}, A/V)	$m^{-2}\ kg^{-1}\ s^3\ A^2$
静電容量	C	ファラッド	F (C/V)	$m^{-2}\ kg^{-1}\ s^4\ A^2$
磁束	$\varPhi$	ウェーバ	Wb (V·s)	$m^2\ kg\ s^{-2}\ A^{-1}$
磁界の強さ	H	アンペア毎メートル	A/m	$m^{-1}\ A$
電束密度	D	クーロン毎平方メートル	C/m^2	$m^{-2}\ sA$
磁束密度	B	テスラ	T (Wb/m^2)	$kg\ s^{-2}\ A^{-1}$
インダクタンス	L	ヘンリー	H (Wb/A, V·s/A)	$m^2\ kg\ s^{-2}\ A^{-2}$
誘電率	ε	ファラッド毎メートル	F/m	$m^{-3}\ kg^{-1}\ s^4\ A^2$
透磁率	μ	ヘンリー毎メートル	H/m	$m\ kg\ s^{-2}\ A^{-2}$

単位をまとめる．

表3.3からわかるように，電気単位系のSI組立単位はすべてm, kg, s, Aから成り立っている．この電気単位系のマップ(map)を図3.1に示す．

このように長さ〔m〕，質量〔kg〕，時間〔s〕，電流〔A〕で電気単位系はすべて組み立てられるので，これらの基本単位を正確に定義することが重要である．以下その定義について述べる．

【長さ】(1983年改正)：
　長さの単位の名称であるメートル〔m〕はギリシャ語で測定を意味する．メ

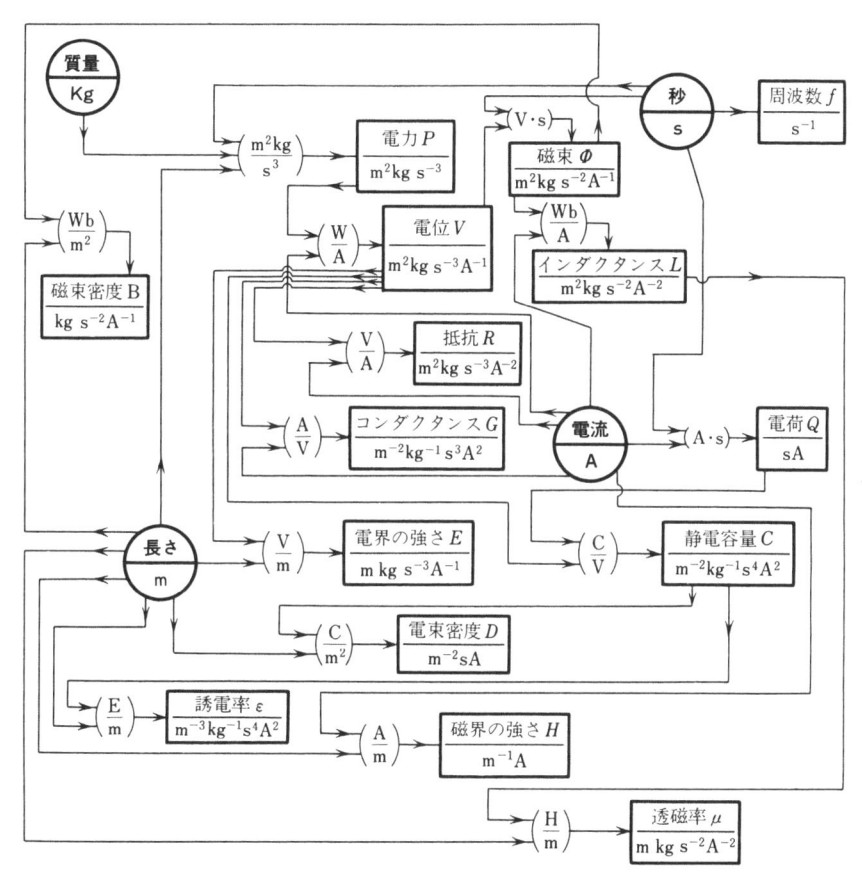

図 3.1　電気単位系のマップ

ートルは1秒の299 792 458分の1の間に光が真空中を伝わる行程に等しいと定義する．すなわち光速は $c = 299\,792\,458$ m/s である．メートルの精度は 10^{-10} である．

【質量】（1889年定義）：

質量の単位の名称であるキログラム〔kg〕のグラムはギリシャ語でわずかな重さを意味する．キログラムは図3.2の写真に示すように，フランス・セーブルにある国際度量衡局（Bureau International des Poids et Mesures）

図 3.2 国際キログラム原器（写真は通産省工業技術院計量研究所（現：産業技術総合研究所）提供）

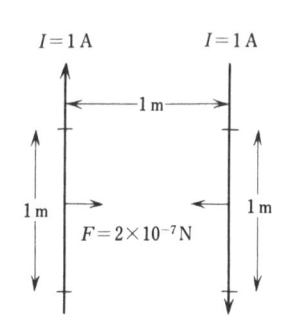

図 3.3 2本の直線状導体に及ぼす力

に保管されている国際キログラム原器の質量である．精度は 10^{-8}〜10^{-9} である．

【時間】（1967 年改正）：

時間の単位は秒〔s〕で，秒はセシウム 133 の原子（^{133}Cs）の基底状態の二つの超微細準位の間の遷移に対応する放射の 9 192 631 770 周期の継続時間と定義される．精度は 10^{-13} である．この遷移の電磁波は波長を λ として，

$$\lambda = \frac{299\,792\,458}{9\,192\,631\,770} \fallingdotseq 0.0326\,\text{m} = 3.26\,\text{cm}$$

すなわち，波長 3.26 cm，周波数 9.2 GHz のマイクロ波である．

【電流】（1948 年改正）：

電流の単位はアンペア〔A〕で，アンペアは図 3.3 に示すように，真空中に 1 m の間隔で平行に置かれた無限に小さい円形断面積を有する無限に長い 2 本の直線状導体のそれぞれを流れ，これらの導体の長さ 1 メートル〔m〕ごとに 2×10^{-7} ニュートン〔N〕の力を及ぼし合う一定電流と定義される．精度は 10^{-6} である．

図 3.3 では 2 本の直線状導体には単位長当り

$$F = \frac{\mu_0 I^2}{2\pi r} \tag{3.1}$$

3.1 SI単位と標準

表 3.4 SI単位系の倍数, 接頭語, 記号

倍　数	接　頭　語	記　号
10^{18}	エ　ク　サ (exa)	E
10^{15}	ペ　　　タ (peta)	P
10^{12}	テ　　　ラ (tera)	T
10^{9}	ギ　　　ガ (giga)	G
10^{6}	メ　　　ガ (mega)	M
10^{3}	キ　　　ロ (kilo)	k
10^{2}	ヘ　ク　ト (hecto)	h
10	デ　　　カ (deca)	da
10^{-1}	デ　　　シ (deci)	d
10^{-2}	セ　ン　チ (centi)	c
10^{-3}	ミ　　　リ (milli)	m
10^{-6}	マ　イ　ク　ロ (micro)	μ
10^{-9}	ナ　　　ノ (nano)	n
10^{-12}	ピ　　　コ (pico)	p
10^{-15}	フェムト (femto)	f
10^{-18}	ア　　　ト (atto)	a

表 3.5 周波数帯域

周波数	波長	呼称	
10 kHz	30000 m		
30 kHz	10000 m	VLF	
300 kHz	1000 m	LF	
3 MHz	100 m	MF	ラジオ周波数 (RF)
30 MHz	10 m	HF	
300 MHz	1 m	VHF	
3 GHz	10 cm	UHF	レーダ周波数
30 GHz	1 cm	SHF	マイクロ波領域
300 GHz	1 mm	EHF	
3 THz	0.1 mm		遠赤外
30 THz	0.01 mm		
300 THz	1 μm		可視光
3 PHz	0.1 μm		
30 PHz	0.01 μm		
300 PHz	1 nm		
3 EHz	0.1 nm		X線
30 EHz	0.01 nm		

VLF：Very Low Frequency（ミリアメートル波）
LF　：Low Frequency（キロメートル波）
MF　：Medium Frequency（ヘクトメートル波）
HF　：High Frequency（デカメートル波）
VHF：Very High Frequency（メートル波）
UHF：Ultra High Frequency（デシメートル波）
SHF：Super High Frequency（センチメートル波）
EHF：Extremely High Frequency（ミリメートル波）
RF　：Radio Frequency

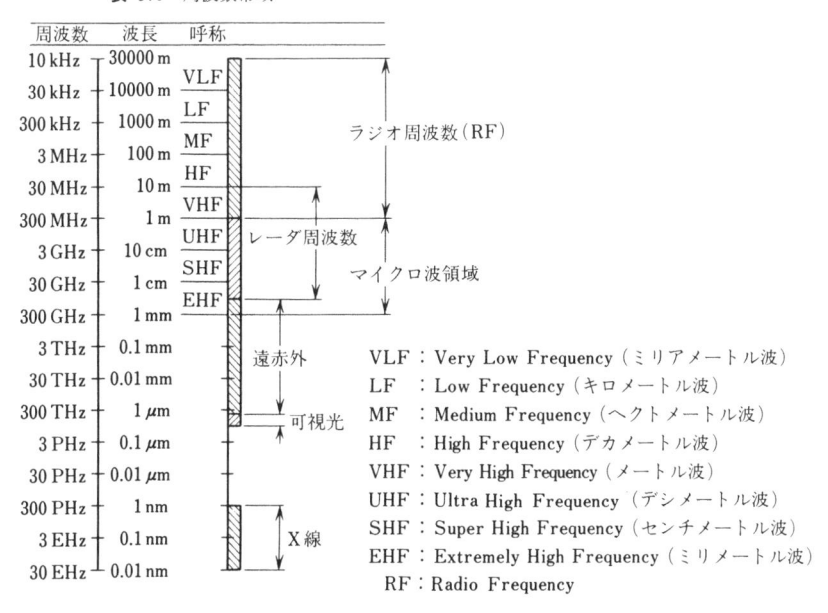

の引力を及ぼし合う．$I=1$ A として，2直線状導体間の距離 $r=1$ m としたときに，単位長当りの力が $F=2\times10^{-7}$ N である．したがって，式 (3.1) から真空の透磁率，$\mu_0=4\pi\times10^{-7}$ NA^{-2} が定義できる．

また，SI 単位系は表 3.4 に示すように，倍数，接頭語を用いる．

次にこの SI 単位系の倍数と記号を用いた一例として，表 3.5 に周波数帯域を示す．

3.2 量子電気標準

人間の影響を受けない再現性があって普遍的な標準として量子標準を採用しようとする考えが以前からあった．

1990 年 1 月 1 日を期して，電圧（ボルト）の実用標準として**ジョセフソン効果**（Josephson effect）が用いられ，電気抵抗（オーム）の実用標準として**量子ホール効果**（quantum Hall effect）が用いられることになった．

(1) 電圧量子標準

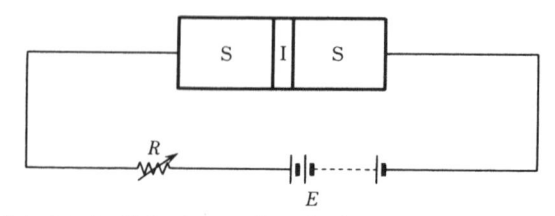

1911 年オランダのカメリング・オネス（Kamerlingh Onnes）は 4.2 K の極低温で水銀の電気抵抗が零になる超伝導現象を発見した．さらに，1962 年英国のジョセフソン（Josephson）は図 3.4 に示すように二つの**超伝導体**（superconductor）間に 1〜2 nm (10〜20 Å) の薄い**絶縁体**（insulator）を挟んだサンドイッチ型トンネル接合に 2 個の**電子対（クーパー対）**のトンネル超伝導電流が流れる（**直流ジョセフソン効果**）はずであり，さらに接合に電位差 V をかけたときには周波数 $f=2qV/h$ の交流が流れる（**交流ジョセフソン効果**）はずである

図 3.4 トンネル型ジョセフソン素子，S は超伝導体で I は絶縁体である

と予言した．ここでqは電子の荷電で，$q=1.6\times10^{-19}$ C，hはプランク定数で$h=6.625\times10^{-34}$ J·sである．これらの予言は多くの実験で検証された．

さらに，現在では図3.5の**点接触型ジョセフソン素子**，図3.6の**薄膜マイクロブリッジ型ジョセフソン素子**のように二つの超伝導体を弱く結合した**弱結合型**（weak link type）でもジョセフソン効果が観測されている．なお超伝導体としては超伝導になる**臨界温度**（critical temperature）$T_c=9.25$ K のニオブ（Nb），$T_c=7.2$ K の鉛（Pb）がよく用いられる．

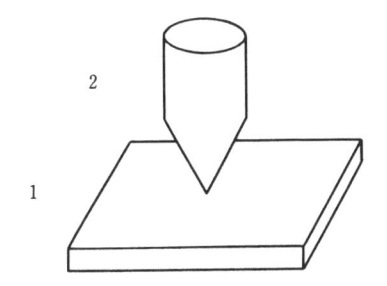

図 3.5 点接触型ジョセフソン素子，1,2 は超伝導体である

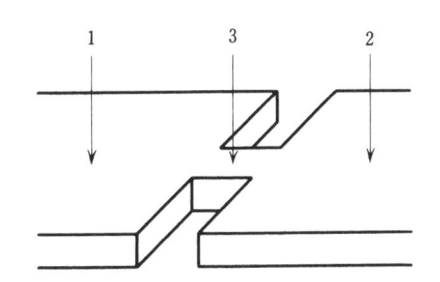

図 3.6 薄膜マイクロブリッジ型ジョセフソン素子，1,2,3 は超伝導体である

図3.7にトンネル型ジョセフソン素子の電圧-電流特性（V-I 特性）を示す．零電圧においても有限な直流電流が流れている．臨界電流値 I_c を越えると電圧状態へ移り，抵抗 R_n が生じる．この電圧状態から電流を下げていくと，I_c 以下にもどしても電流がほとんど零になるまで電圧は零にもどらない．このように，トンネル型の素子では V-I 特性に大きな**ヒステリシス**（hysteresis）が見える．電圧が $2\varDelta/q$ を越えると電流は急に流れる．この $\varDelta$ をエネルギーギャップといい，Nbで1.5 meV，Pbで1.34 meV である．

図3.8に点接触型ジョセフソン素子，薄膜マイクロブリッジ型ジョセフソン素子の弱結合型ジョセフソン素子の V-I 特性を示す．トンネル型と違いヒステリシスがない．

いま図3.4，3.5，3.6のジョセフソン素子に周波数 f の電磁波を照射すると，図3.7，3.8の V-I 特性の R_n 領域に

図 3.7 トンネル型ジョセフソン素子の V-I 特性

図 3.8 弱結合型ジョセフソン素子の V-I 特性

$$V = n\frac{h}{2q}f \quad (n=0,1,2,\cdots) \tag{3.2}$$

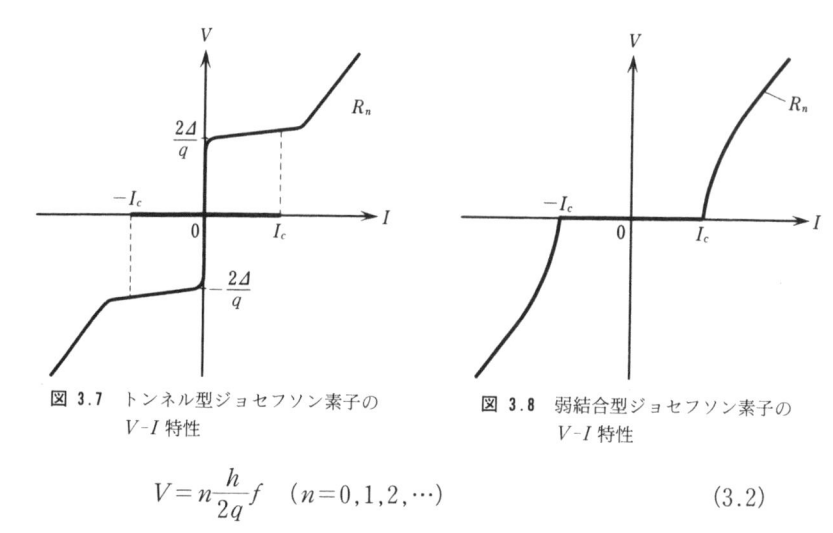

の階段状の**シャピロ・ステップ**（Shapiro step）が生じる．たとえば，70 GHz では

$$f = 70 \times 10^9 \text{ Hz}$$
$$q = 1.6 \times 10^{-19} \text{ C}$$
$$h = 6.63 \times 10^{-34} \text{ J·s}$$

の値を式（3.2）に代入すると，

$$V = (145 \times n) \mu\text{V} \quad (n=0,1,2,\cdots) \tag{3.3}$$

が得られる．**ラングミュアーブロジェット膜**（LB膜）と Nb を用いた弱結合型ジョセフソン素子に 70 GHz を照射した V-I 特性を図 3.9 に示す．145 μV ごとに 4 次まで階段状のシャピロ・ステップが観測されているのがわかる．

式（3.2）で周波数 f は現在 10^{-11} の安定度が得られているので，$h/2q$ が正確に求まれば高精度の電圧 V が得られて電圧標準となる．**国際度量衡委員会**（CIPM；Comité International des Poids et Mesures）とその委員会の下の**電気諮問委員会**（CCE；Comité Consultatif d'Electricité）は 1990 年 1 月 1 日以降

3.2 量子電気標準

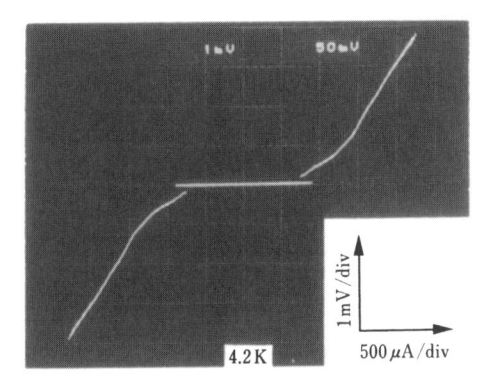

(a) 無照射時

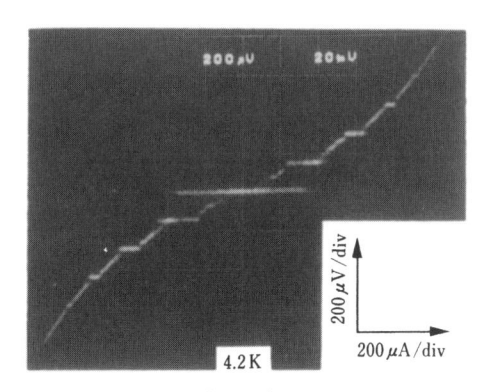

(b) 照射時

図 3.9 弱結合型ジョセフソン素子に 70 GHz の電磁波を照射しない時と照射した時の V-I 特性（東京工業大学関根松夫研究室提供）

$$K_{J-90} = \frac{2q}{h} = 483\,597.9 \text{ GHz/V} \tag{3.4}$$

を採用することを決定した．この値の誤差は 0.4 ppm（parts per million または百万分の 1），すなわち $\pm 0.4 \times 10^{-6}$ である．

（2） 抵抗量子標準

抵抗量子標準としては，**量子ホール効果**（QHE；Quantum Hall Effect）を使う．図 3.10 に示すように，極低温中の強磁場，たとえば，15 T の中に 2 次元導体を置き，その磁場と直角なある方向に電流を流し，その電流と直交する電

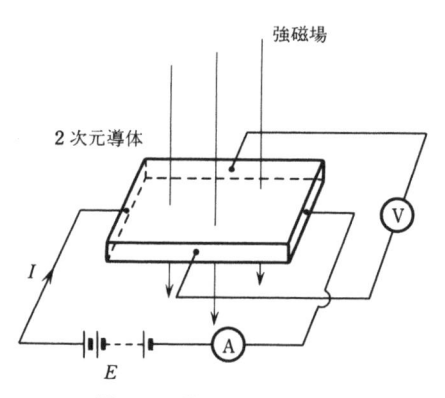

図 3.10 量子ホール効果の実験

圧を測る．

このとき，電圧 V は流している電流 I に比例して，

$$V = \frac{h}{q^2} \cdot \frac{1}{n} \cdot I \quad (n=1,2,\cdots) \tag{3.5}$$

と階段状の電圧が得られる．量子ホール抵抗 R_H は

$$R_H = \frac{h}{q^2} \cdot \frac{1}{n} = R_K \cdot \frac{1}{n} \tag{3.6}$$

と定義する．1980 年ドイツのフォン・クリッツィング（von Klitzing）は金属-酸化物-半導体電界効果トランジスタ（MOSFET；metal-oxide-semiconductor field effect transistor）を用いて，15 T の強磁場内で式 (3.5) の階段状のステップを観測した．彼はこの業績で 1985 年ノーベル物理学賞を受賞した．CIPM と CCE は 1990 年 1 月 1 日以降，式(3.6)の R_K を抵抗量子標準として，

$$R_{K-90} = \frac{h}{q^2} = 25\,812.807\ \Omega \tag{3.7}$$

を採用することに決定した．この値の誤差は ± 0.2 ppm である．

3.3 周波数標準

時間 (time interval) は，時の流れの中の一点すなわち，**時刻** (date) と次の時刻との間の時の長さである．時間の尺度を作る枠組みとなるものが，時系 (time scale) である．太陽や恒星などと地球との位置関係は，天体力学で予測できるし，観測もできる．このように天体の運行に基礎をおく時系を天文時という．

日常生活に関係が深い力学時には，経度 0°線（本初子午線）での平均太陽時に 12 時間を加えた時刻を基準とし，赤道と黄道の傾きによる時刻誤差の補正をした**世界時 0**（UT 0；universal time 0），これに地軸のゆらぎによる時間のゆらぎ約 0.05 s を補正した**世界時 1**（UT 1），世界時 1 にさらに原因のわからない 1 年周期の地球自転ゆらぎの補正値約 0.05 s を加えた**世界時 2**（UT 2）などがある．

時間の目盛を発生する機械が時計であり，精密振り子時計，水晶時計，原子時計などがその例である．精密な時刻の維持を保時（time keeping）という．

振り子や水晶振動子など人工の振動子に基準をおく精密時計には，振動数の経時変化が避けられないし，その周期を定義して実現できない．全ての標準器には，物理現象だけから定義しようとする物理量が実現できることが理想であり，そのような装置が求められてきた．アルカリ原子などのマイクロ波帯におけるスペクトルに周波数の基準をおく原子発振器は時間基準の理想を実現する装置である．すなわち，定義された時間（周期）を実現する装置が周波数標準である．

実用の原子発振器は，原子時計とも呼ばれ，**ビーム型セシウム原子発振器，ガスセル型ルビジウム原子発振器，水素メーザ**などである．機械的な振動を利用する実用周波数標準には水晶発振器がある．

3.1 に述べたように 1967 年 10 月の国際度量衡総会で秒が定義された．これを実現する装置が，セシウム原子発振器である．各国の主管庁の標準研究所に設

置され，標準時刻を刻む基礎となっているセシウム原子発振器を **1 次周波数標準**（primary frequency standard）という．

図 3.11

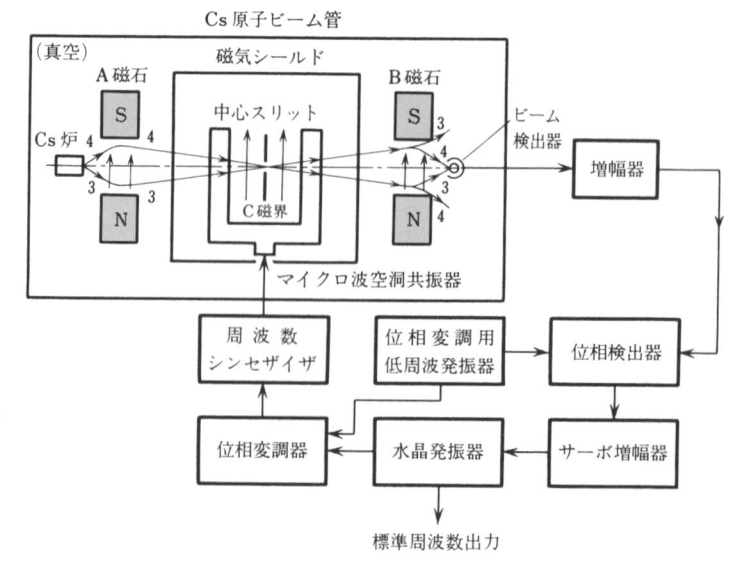

図 3.12 Cs ビーム型原子周波数標準の構成図

3.3 周波数標準

　図 3.11 は，郵政省通信総合研究所（現：情報通信研究機構）のビーム型セシウム原子周波数標準である．

　セシウムビーム型原子周波数標準は，Cs 原子の**エネルギー準位**($F=4, m_F=0$) ⇔($F=3, m_F=0$) の間の遷移周波数 9 192 631 770 Hz を周波数基準として用いる．その構成を図 3.12 に示す．約 100℃ に熱せられた Cs 原子が，炉からビーム状に噴出する．不平等磁界を作る A 磁石で，ビームはそのエネルギー状態に応じて，図のようにその軌道を曲げられる．つぎに，Cs 原子のエネルギー遷移周波数に同調したマイクロ波空洞共振器に入り，電磁波の相互作用を受ける．ついで，同じく不平等磁界を作る B 磁石に入り，マイクロ波との相互作用を受けた原子は，磁界で軌道を曲げられ，ビーム検出器に入る．検出器は熱線と捕捉電極からなり，原子は熱線に衝突してイオンとなり，電極に捕捉されイオン電流として検出される．マイクロ波と相互作用を受けなかった原子は，図のような軌道を通り，検出器には入らない．検出されたイオン電流は増幅され，水晶発振器の周波数を変化させるために利用される．水晶発振器の周波数を基準にした**周波数シンセサイザ**(frequency synthesizer) の周波数が，Cs 原子の遷移周波数に合致しているときは位相検出器の出力電圧は 0 である．合致していないときは，シンセサイザの周波数は低周波で変調してあるので，マイクロ波と遷移周波数とのずれがその符号も含めて位相検出器で電圧として検出されて水晶発振器に送られ，発振周波数が遷移周波数に合致するように自動的に周波数調整される．水晶発振器には，2.5, 5, 10 MHz などの応用に都合のよい出力周波数端子が設けられているのが普通である．その周波数確度は $\pm 1.1 \times 10^{-13}$ である．

　各国の 1 次周波数標準の発生する時刻は，全世界位置決め衛星などを仲介にして国際的に比較されている．それらの測定値はパリにある国際報時局に集められ，報時局は時刻発生アルゴリズムを用いて**国際原子時**(TAI：temps atomique international；International atomic time) を発生している．各国は国際原子時の時刻を周波数標準で発生した標準周波数電波に乗せて，UT1 との時刻差が 0.9 秒以内に保たれるようにして標準時刻として放送している．これを**協定世界時**（UTC；Coordinated Universal Time）という．UT1 との時刻差を

0にするために協定世界時に挿入（除去）する秒を**うるう(閏)秒** (leap second) という．このように，協定世界時は国際原子時で周波数を発生し，時刻を刻み UT 1 との差をうるう秒として補正している時系である．

わが国の標準周波数と時刻は郵政省通信総合研究所（現：情報通信研究機構）が放送し，その呼出し符号と周波数は，JJY, 2.5, 5, 8, 10, 15 MHz および JG 2 AS, 40 kHz である．周波数と時間の正確さは，送信点で $\pm 1 \times 10^{-11}$ ある．各事業所は，たとえ，原子発振器を所有していてもその発振器の周波数，時計の時刻は，これらの電波を受信して，それと比較測定することにより校正し，常に確度の高い周波数を提供できるように維持しなければならない．

短波周波数は，電波伝搬路の変動のため 10^{-8} 程度の精度での比較は困難である．10^{-11} 程度の高精度比較には，長波電波を用いるか関東地方ならテレビジョン放送の 3.58 MHz 色副搬送波を利用する．色副搬送波の周波数と発射時刻は通信総合研究所により測定され，公表されているので，その表を用いて測定値を校正する．通信総合研究所（現：情報通信研究機構）は，コンピュータ通信により標準周波数や電波伝搬に関する情報を利用者に提供しているので，これを利用して発振器や時計の校正を行うことができる．

練 習 問 題

[1] 0.02 A を mA に，6 500 ns を s に，0.5 MΩ を kΩ に，0.2 THz を MHz に，2.5 pF を μF に変換せよ．
[2] 式 (3.1) で真空の透磁率が $\mu_0 = 4\pi \times 10^{-7}$ NA^{-2}, $\mu_0 = 4\pi \times 10^{-7}$ H/m で，NA^{-2} と H/m が次元が同じであることを示せ．
[3] 赤外線レーザ波長 433 μm の周波数はいくらか．これをジョセフソン素子に照射したところステップが観測された．式 (3.2) より電圧の大きさを求めよ．
[4] 式 (3.5) より $\dfrac{h}{q^2}$ が Ω の次元をもつことを示せ．
[5] 周波数標準はどのような考え方でつくられたか．
[6] 事業所の発振器はどのような方法で 1 次周波数標準と校正できるか．

4 アナログ量とディジタル量

4.1 計測用のセンサ

電気電子計測では，測定対象となる物理量はさまざまである．それらの物理量は，たとえば，圧力，加速度，温度，照度など測定対象に応じて変わってくる．電気電子計測では，これらの測定物理量を検出し，いったん電圧，電流，周波数などの電気量に変換してから測定，処理，表示を行う．このような検出をするものを**検出器**（detector）あるいはセンサ（sensor）という．また，電気量を別の電気量に変換したり，同一の電気量の強度を変化させて測定や処理を容易にすることも行う．

4.1.1 温度センサ

代表的な温度センサに**熱電対**がある．これは，異種の金属または半導体の一端を接合させたとき，**ゼーベック効果**（Seebeck）により生じる熱起電力を利用するものである．通常は，異種金属の両端を溶接し，一端を基準温度，たとえば水の3重点（零度）に保つ．これを基準接点という．一方他端を測定対象に接触させ，導体の途中を切断して電圧を測定し，電圧と温度との関係から測定温度を求める．**JIS 規格**の白金-白金10％ロジウム熱電対は高精度の熱電対であるが還元雰囲気中では侵されるので被覆が必要である．**国際電気標準会議**（IEC）推薦の白金-白金13％ロジウム熱電対，クロメル-アルメル熱電対，銅-コンスタンタン熱電対の熱電対のうちクロメル-アルメル熱電対は高温まで使用でき直線性がよい．銅-コンスタンタンは200℃以下の温度で使用される．蒸着技術あ

るいは細線を用いて，熱電対を多数放射状に集積したものは，レーザなどの放射パワーのセンサとして用いられる．

抵抗線と熱電対を組み合わせたものを真空管に封入し，抵抗線に高周波電流を流し，抵抗線の温度上昇による熱起電力を測定し，高周波電流を測定する素子に真空熱電対がある．100 MHz くらいまでの周波数で，数 mA〜1 A 測定が可能である．

表 4.1 熱電対とその熱起電力（基準接点を 0 ℃にしたときの測定接点の熱起電力）

熱電対 ＼ 温度	−200℃	0	400	1300	1700
白金-白金 10％ロジウム		0.000	3.260	13.155	17.942〔mV〕
白金-白金 13％ロジウム		0.000	3.407	14.624	20.215
クロメル-アルメル	−5.891	0.00	16.395	52.398	
銅-コンスタンタン	−5.603	0.00	20.869		

白金などの貴金属を用いた熱電対は，高温度測定用標準熱電対として用いられ，銅などの卑金属を用いた熱電対は，1 000 ℃以下の温度での測定に用いられる．

工業計器での温度測定では，図 4.1 のように，測定用熱電対に補償導線と呼ばれる熱電対と同一の熱起電力特性を持つ導線を接続し，熱電対との接続部に生ずる熱起電力による誤差を補償する．補償導線の一端は，基準点に接続されるが，0℃を維持するのは困難なので，基準点の温度を測定し，その温度に測定用の熱電対の特性を合わせ補償する．熱電対の温度・起電力特性は，直線ではないので，**リニアライズ回路**を用いて直線化する．高精度測定には，ディジタル回路を用いたディジタルリニアライズ回路を用いる．

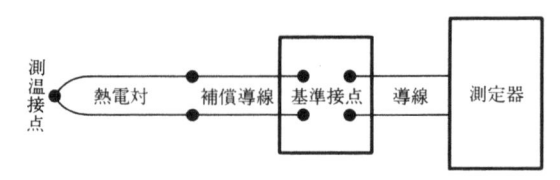

図 4.1 補償導線を用いる温度測定

熱電対による温度測定には，基準接点が必要であるが，抵抗体の温度による抵抗変化を測定すれば，これが不要となる．このような温度センサには，白金測温抵抗体，**サーミスタ**などがある．これは，放射により発生した熱を抵抗変化として検出するもので，**ボロメータ**(bolometer)と呼ばれている．これらは，動作用のバイアス電流を流しておく必要があるので，雑音の影響を受ける．白金測温抵抗体は純度 99.999 % 以上の白金線でできている．一般に 100 Ω の白金抵抗体の温度による抵抗変化を測定し，0°Cのときの抵抗との比を求め，予め測定しておいた抵抗・温度特性から測定温度を求める．抵抗・温度特性は非直線であるからリニアライズ回路が必要で−200〜600°Cの温度測定に用いられる．サーミスタは，Mo, Ni, Co, Fe などの酸化物のうちの複数成分を焼結した 1〜2 mm くらいの大きさの感温素子で，金属とは逆の負の抵抗・温度特性を持っている．室温から 200°Cで，数 100 kΩ〜数 100 Ω 程度の抵抗をもつ．正の抵抗・温度特性を持ったサーミスタもあり，正特性サーミスタと呼ばれている．サーミスタは，その大きな非直線性のためマイクロ波の電力測定にも用いられる．

水晶振動子は周囲温度の変化に対して 10^{-6} 程度しか周波数が変化しないので，精密周波数源として用いられる．しかし，振動子の密度，寸法，弾性定数の温度による変化で振動子の周波数は変化するので，温度による周波数変化の大きな振動子も製作できる．このような振動子は，周波数を測定すれば温度が検出されるので，水晶温度センサとして用いられ，0〜400 K を分解能 10^{-4} K で測定できる．しかし，振動子の周波数経時変化があるので，測定温度の絶対値が必要な場合は，校正が必要である．

温度は，空間と時間の関数で変化するので，温度のセンサの形状，寸法が測定温度の時間変化に影響し，被測定対象とセンサの相対的な大きさが測定温度の正確さにも影響する．

4.1.2 光センサ

光の入射により，個体内の電子が励起され，空間に電子が放出される．この電子を**光電子**といい，この現象を**光電効果**（photoelectric effect）という．真

空あるいは Ar などの稀ガス中に，光電面と陽極を封じ込めた光センサである**光電管，光電子増倍管**（photomultiplier）はこの現象を利用している．光電子を放出する面は，陰極で光電面といい Ag, Sb, Cs, K, Na などの組合せでできている．白色光に対する光電感度は，光電面の材料によって異なり 25〜200 μA/lm くらいである．光入射がないときにも 1 pA〜0.1 μA くらいの電流が流れ，これを**暗電流**という．

光電管にガスが封入されていると陽極で加速された光電子が，ガスにあたって電離し，電流が増幅される．このためガスが封入されているものもある．数 kV の高電圧で加速された光電管は，ナノ秒以下の光検出が可能である．

光電子増倍管は，略して**フォトマル**ともよばれ，弱い光を検出するのに用いる真空管である．光が光電面に入射し，光電子を放出すると，**ダイノード**（dynode）と称する 2 次電子放出膜を塗布した電極に衝突し 2 次電子を放出し，それらが 8〜17 段くらい設けられたダイノードに次々に衝突し，2 次電子を放出しそれらが最後に陽極に集められるような構造になっている．2 ns くらいの速い立ち上がりをもち，数 10 μA が出力として取り出せる．雑音低減の目的で，光電管を冷却して使用することもある．

半導体の **pn 接合**に光を照射すると，回路が開いていると光電効果で発生した電子・ホール対が内部電界に引かれて互いに逆方向に集まり，光起電力効果により電圧が発生する．**太陽電池，フォトダイオード**などはこの現象を利用した光センサである．**シリコンフォトダイオード**は，受光有効面積 5〜30 mm^2 で 430〜1 060 nm の光を 400 mV/100 lx くらいの感度で検出できる．**アバランシフォトダイオード**（APD）は，固体の光電子増倍管ともいうべき素子で，高速動作が可能で光通信のセンサに用いられ，シリコン APD は利得帯域幅が数 100 MHz に達している．

4.1.3 力学量のセンサ

材料の力学量に応力，ひずみなどがある．ひずみは，材料への力の印加の前後における長さの変化の元の寸法に対する比であるから，材料の伸縮を検出す

ればひずみが検出できる．鉄橋などの構造材のひずみを測定するには，構造材にひずみゲージと呼ばれる抵抗素子を接着する．外力を印加したときに材料の伸縮による抵抗変化を検出すれば，ひずみの大きさが抵抗変化に変換されて検出される．ひずみゲージは，Cu-Ni，Ni-Cr などの細線あるいは箔でできており，それが目的とするひずみが測定できるように十文字，直線などのパターンを描いて紙，セラミック，ポリエステルなどのプラスチックに 2％程度のひずみに耐えるように接着されたものである．

Si, Ge などの半導体結晶に外力を加えると，ひずみが発生しその抵抗が変化する**ピエゾ抵抗効果**がある．もとの抵抗 R_0 と抵抗値の変化 ΔR の比 $\Delta R/R_0$ をゲージ率といい，ひずみ測定の尺度となる．Si の主要な軸方向のゲージ率は，p 形では 9～176 である．

振動している水晶振動子に外力を加えると周波数が変化する．この効果を利用して，周波数変化から外力の大きさを検出するのが**水晶圧力センサ**である．油井，潮汐などを測定する水晶圧力センサは 2 000 気圧くらいの静水圧が測定できる．長方形板状振動子を用いるセンサは，大気圧変動，潮汐圧測定などに用いられている．水晶の圧電効果を用いて，外力による水晶の分極電荷を**電荷増幅器**で増幅し，外力を検出する圧力計や加速度計もある．

4.2 アナログ量の変換

自然界には，温度，気圧，熱電対の起電力のような電圧，電流などの連続した大きさで表される量があり，これらを**アナログ**(analog)**量**と呼んでいる．電気電子計測では，これらのアナログ量を測定しやすいように適当な値に変換するのが普通である．この節では，これらの変換について述べる．

4.2.1 電圧・電流の変換

熱起電力のように微少な電圧は測定を容易にするために強い電圧に変換する．微小電圧を強い電圧，高いレベルの電圧に変換するのが**増幅器**（amplifier）で

ある．増幅器には，直流電圧から数 100 MHz 程度の周波数まで増幅できる直流増幅器(DC amplifier)がある．これは，もともと**アナログコンピュータ**(analog computer) で和・差・積分・微分などの演算を行わせる目的で作られたので**演算増幅器** (operational amplifier) と呼ばれ，真空管を用いる大型の装置であったが，現在は集積回路で作られている．入力から出力にいたる各段の間の接続は抵抗接続されているので，直結増幅器あるいは直流増幅器ともいう．二つの入力端子は，接地から浮いており，逆位相の電圧が両端子に入力されたときのみ出力に電圧が現れ，同相の電圧が入力されたときには，出力電圧が生じない**差動増幅器** (differential amplifier) の構成になっている．増幅器の性能を示す**雑音指数**は，多段増幅器では，初段の雑音指数でほとんど決定されるので差動増幅器を用いている (2.5 節参照)．同相の電圧の利得と逆位相の電圧利得との比を**同相電圧除去比** (CMRR；common mode rejection ratio) といい増幅器の同相雑音に対する良さの尺度となる．増幅器の出力は入力が接地されていても，いくらかの電圧が出力されている．これを**オフセット** (offset)**電圧**という．また，入力電圧を一定にしても出力電圧は時間と共に変化する．これを**ドリフト** (drift) といい，ドリフト電圧が小さいことが望ましい．ドリフトを避ける目的で，直流電圧をチョッパとよばれる一種の断続スイッチで交流に変換して増幅し，再びチョッパで直流に変換するチョッパ増幅が用いられることもある．

増幅用の演算増幅器の性能例：入力抵抗 数 kΩ～100 MΩ (バイポーラトランジスタは小さく，電界効果トランジスタは大きい)，オフセット電圧：数 mV～数 10 μV，温度によるドリフト：数 μV/°C，利得・周波数帯積：数 10～数 100 MHz，**整定時間** (settling time) 100 ns，電源電圧：±4.5～18 V

演算増幅器は，出力を入力に帰還させる**帰還増幅器** (feedback amplifier) の技術を使用している．図 4.2 は帰還増幅器の基本回路である．出力 V_o が伝達関数 β の帰還回路を通り βV_o となったものと V_i との和が，増幅器入力となる．したがって，入出力電圧の関係は，式 (4.1) のようになる．

$$V_o = (V_i + \beta V_o) \cdot (-A) \tag{4.1}$$

この式から増幅器全体の利得 G を求めると式 (4.2) となる．

4.2 アナログ量の変換

$$G = \frac{V_o}{V_i} = \frac{-A}{1+\beta A} \qquad (4.2)$$

ここで，$\beta A \gg 1$ とすると，G は式 (4.3) となる.

$$G \fallingdotseq \frac{1}{\beta} \qquad (4.3)$$

β を構成する素子を抵抗な

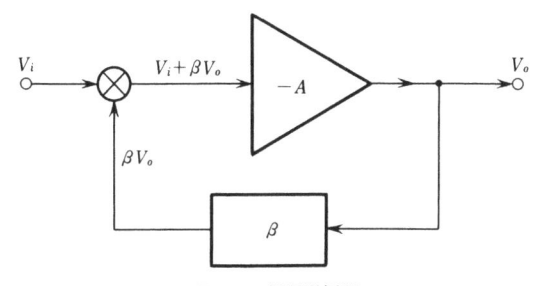

図 4.2 帰還増幅器

どの周波数依存性の少ない安定な素子にすると，広い周波数範囲にわたって利得の平坦な増幅器となる．いま帰還を施した場合，利得変動がどの程度抑圧されるかをしらべてみる．式(4.2)の両辺の対数をとって微分すると次の式(4.4)となり，増幅器の利得 A の変動が，$1/(1+\beta A)$ に抑圧されることがわかる．

$$\frac{dG}{G} = \frac{1}{1+\beta A} \frac{dA}{A} \qquad (4.4)$$

出力を入力に逆位相で帰還する方法を**負帰還**（negative feedback）といい，次のような利点がある．(1) 温度，電源電圧変化，部品の経時変化などの影響を受けない増幅器が構成できる．(2) 増幅器の内部で発生する雑音やひずみを軽減できる．(3) 増幅周波数帯域を広くできる．(4) 入・出力のインピーダンス変換器となる．欠点としては，増幅器自身の利得より全体としての利得が減少する．設計が悪いと発振の可能性が大きくなる．

図 4.3 は各種の演算回路を示す．図 4.3 (a) は電圧増幅器である．入力電圧は抵抗 R_1 をへて増幅器入力に加わる．一方増幅器出力電圧は，抵抗器 R_2 を通して増幅器入力に帰還される．いま，増幅器の入力抵抗（入力インピーダンス）Z_i が大きく，$Z_i \gg 1$ で電流は流入せず，利得 A が $A \gg 1$ とする．入，出力電圧を用いて，増幅器入力端子で電流のキルヒホッフの法則を適用する．そうすると，増幅器入力端子の電位は接地電位となる．これを**仮想接地**（virtual ground）という．そして，入出力の関係は図に示すように，利得に無関係で，2 個の抵抗の比との積になる．2 個の抵抗を同じ値にすると入出力の電圧は，符号のみが変わ

$V_o = (-R_2/R_1) V_i$
(a)

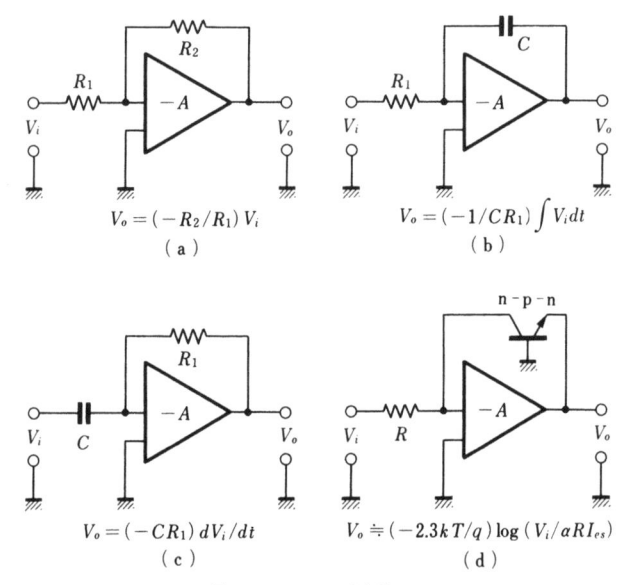

$V_o = (-1/CR_1) \int V_i dt$
(b)

$V_o = (-CR_1) dV_i/dt$
(c)

$V_o \fallingdotseq (-2.3kT/q) \log(V_i/\alpha RI_{es})$
(d)

図 4.3 アナログ演算器

るので，**符号変換器**になる．また入力端子を多数設ければ，入力電圧の**加算器**となる．

次に，帰還抵抗の代わりに静電容量を接続し，再びキルヒホッフの法則を適用すると，出力は図4.3(b)に示すように入力の時間積分になるので，この構成を**積分器**という．積分器の抵抗と静電容量を互いに**交換**して接続すると，図4.3(c)に示すように**微分器**となる．

符号変換器の帰還抵抗の代わりにトランジスタを接続すると，入力電圧の対数に比例した出力電圧が得られる**対数増幅器** (logarithmic amplifier) となる．対数増幅器は，大きな入力電圧の範囲，すなわち，大きな**ダイナミックレンジ**をもつ入力を増幅する場合，たとえば，光の計測，音響計測，レーダ計測などに使用する．図4.3(d)にその構成を示す．バイポーラトランジスタのコレクタ電流 I_c は**エバス・モール** (Ebers-Moll) モデルで次のように表される．

$$I_c = \alpha I_{ES}(\exp(-qv_{BE}/kT) - 1) \tag{4.5}$$

ここで，v_{BE} はエミッタ・ベース間の電圧，T は絶対温度，k はボルツマン定数，

q は電子の電荷，I_{ES} はコレクタをベースに接続したときのエミッタ・ベース間の逆方向飽和電流，a は順方向ベース接地電流利得である．v_{BE} は 100 mV 以下であることを考慮すると，式 (4.5) は次のようになる．

$$I_c \fallingdotseq aI_{ES}\exp(-qv_{BE}/kT) \qquad (4.6)$$

増幅器の入力端子は，仮想接地電位になっているので，抵抗器に流れる電流とトランジスタのコレクタ電流 I_c は等しいから，$I_c = V_i/R$ である．また出力電圧 V_o は，v_{EB} と等しい．これらの関係を式 (4.6) に代入して常用対数で表すと次式のようになり，入力電圧と出力電圧の関係は対数で表されることになる．

$$V_o = \frac{-2.3kT}{q}\log_{10}\frac{V_i}{aRI_{ES}} \qquad (4.7)$$

対数増幅器の性能例：入力電圧：1 mV〜100 mV，周波数：0〜145 MHz，利得：50 dB，電源電圧：±4.5〜7.5 V

このほか，入力電圧・電流の 10 のべき乗を出力する，逆対数増幅器（anti-logarithmic amplifier）もある．

4.2.2 電圧周波数変換

電圧制御入力端子を持ち，入力電圧の大きさに比例して，出力周波数の変化する機能をもつ発振器を**電圧制御発振器**(VCO；voltage controlled oscillator) という．アナログ入力電圧を周波数に変換するのに用いられている．VCO は電圧により静電容量の変化する素子，たとえば，電圧可変容量ダイオードを水晶発振器の発振回路の一部に挿入し，その容量を電圧で変化させ発振周波数を変化させる発振器で，**位相ロックループ回路**（PLL；phase locked loop circuit)

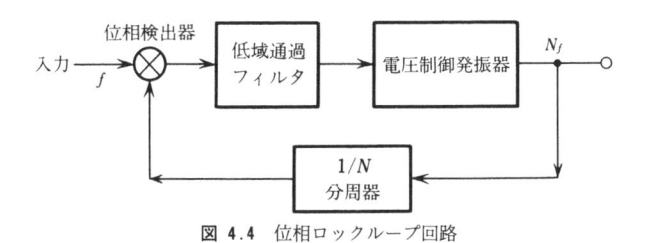

図 4.4 位相ロックループ回路

として原子発振器などの従発振器として用いられる．位相ロックループ回路は，図4.4に示すように位相検出器と分周回路を用いて，基準とする周波数に位相同期した精密な周波数を発生する回路で，基準とする入力周波数の逓倍や分周を行うために使用されている．位相ロック回路は，入力周波数の分周，逓倍が可能でありこの技術の組合せで，任意の周波数を発生させることができるので，標準信号発生器（SSG；standard signal generator）の一種である**周波数シンセサイザ**（frequency synthesizer）に用いられている．

図4.4の回路の動作を説明する．入力周波数と分周器の出力は，位相検出器入力となる．**位相検出器**は，二つの入力信号の間の位相の進み遅れに比例した正負の出力電圧を発生する回路で，位相差が零の時は出力は零である．位相検出器の出力は，電圧制御発振器の入力となり，発振周波数を変化させる．出力周波数は，再び分周器を通り位相検出器の入力となる．ふたたび入力信号と位相比較され，その位相差に比例した位相検出器出力電圧が零となるように電圧制御発振器の周波数を変化させる．

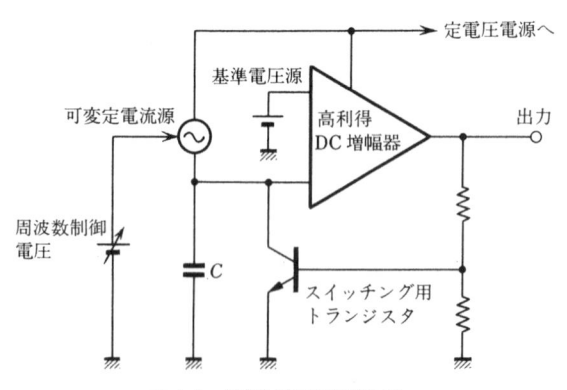

図 4.5 集積化電圧制御発振器

集積回路のみで構成された，電圧制御発振器の回路を図4.5に示す．入力電圧によって制御された定電流源の電流は，静電容量Cを充電する．静電容量の端子電圧は，高利得DC増幅器の入力となり，基準電圧と比較され，差電圧は増幅器の出力を飽和させるので，高利得DC増幅器は電圧比較器として働く．出力

電圧は，スイッチング用トランジスタに送られ静電容量の充電電荷を放電させる．そうすると，増幅器出力は最初の状態に戻るので，トランジスタスイッチは閉じられ，静電容量は放電を停止する．ここで，再び最初の動作に移り，これを繰り返すので，増幅器出力周波数は入力制御電圧に比例することになる．

4.2.3 インピーダンス変換

電気電子計測では，測定対象のインピーダンスに応じて，測定回路のインピーダンスを変化させなければ測定が困難になることがある．また，二つの回路の接続を行うときは，両者のインピーダンスを同じにして回路間の信号の反射をなくす**インピーダンス整合** (impedance matching) が必要である．この目的には，インピーダンス整合用変成器が用いられる．理想変成器では，一次巻線と二次巻線の比を n とすると，一次インピーダンス Z_1 と二次インピーダンス Z_2 の関係は式 (4.8) で表せるので，変成器でインピーダンスが変換できる．

$$V_1 = nV_2, \quad i_1 = \frac{1}{n}i_2$$

$$\frac{V_1}{i_1} = Z_1 = n^2 \frac{V_2}{i_2} = n^2 Z_2 \tag{4.8}$$

負帰還増幅器は，インピーダンス変換器としての機能を持っている．図 4.3(a) の演算増幅器の入力端子は，仮想接地電位にあるから，入力端子からみた回路の入力インピーダンスは，入力側に接続された抵抗 R_1 と同じになり，出力インピーダンスは帰還用の抵抗 R_2 と同じになるので，インピーダンス変換器となる．また，演算増幅器の差動入力端子に入力電圧 V_i を，もう一方の入力端子に出力 V_0 をそのまま帰還すると，増幅利得は $A \gg 1$ であるから，$V_i = V_0$ となる．このような帰還法を，**電圧フォロワ** (voltage follower) という．増幅器の初段は**電界効果トランジスタ** (FET ; field effect transistor) で構成されているので 10^{12} Ω くらいの高入力インピーダンスが得られる．

4.2.4 周波数変換

電気電子計測や通信では，測定を容易にするために高周波を低周波に変換する周波数逓降あるいは分周，逆に低周波を高周波に変換する周波数逓倍操作が必要となることがある．また，ある周波数の信号を他の周波数の信号に変化する周波数変換やセンサなどで変換した電圧を周波数に変換するなどの操作が必要になる．

ある周波数を高くするには，周波数逓倍回路が用いられる．これには，増幅器入力信号を大きくして増幅器出力を飽和させたり，ダイオードに信号を加えるなどして，出力波形をひずませ，共振回路を用いて高調波を選択して抽出する方法が用いられる．周波数を低くするには，T型フリップフロップ回路が用いられる．これは，図4.6に示すように1個の入力を持ち，出力に2個の状態 Q, $\bar{Q}$ を持っており，入力があるたびに交互に出力の状態が反転する．そのため，1個の出力を使えば，入力信号が1/2分周されたことになる．これを n 段従属接続すれば 2^{-n} 分周器ができる．

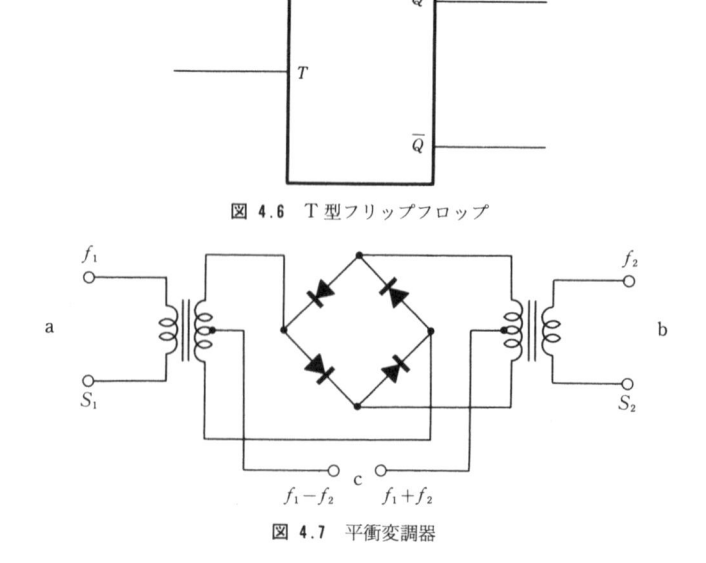

図 4.6 T型フリップフロップ

図 4.7 平衡変調器

二つの信号 S_1, S_2 を図 4.7 の **2 重平衡変調器** (double balanced mixer) の a, b 端子に入力し，それらの積の演算を行うことにより，周波数の異なる信号に変換することができる．

$$S_1 = A_1 \cos \omega_1 t \qquad S_2 = A_2 \cos \omega_2 t \qquad (4.9)$$

$$V_o = \gamma S_1 \cdot S_2 = \gamma A_1 \cos \omega_1 t \cdot A_2 \cos \omega_2 t$$

$$= \frac{\gamma A_1 A_2}{2} \{\cos(\omega_1 + \omega_2) t + \cos(\omega_1 - \omega_2) t\} \qquad (4.10)$$

ここで，γ は変換係数である．出力端子 c には，2 信号の和の周波数と差の周波数の成分が得られる．普通は，出力端子に低域通過フィルタを接続し，和の周波数成分の信号を除去し，差の周波数成分を抽出することが多い．いま，二つの信号の周波数が等しく $\omega = \omega_1 = \omega_2$，二つの信号の位相が ωt と $\omega t + \pi/2 + \phi$ の場合を考える．ここで，ϕ は $\phi \approx 0$ である．和の周波数成分は除去してあるから出力には，位相変動 ϕ に比例した電圧が得られる．2 信号の位相が ωt と $\omega t + \phi$ の場合は，出力には振幅に比例した電圧が得られる．この方法は，精密周波数の位相変動の測定や比較に用いられる．

光計測などでは時間的に緩やかに変化する微弱な信号，すなわち，数 10 Hz 以下の周波数成分からなる信号を信号対雑音比 (SN 比) を大きくして測定するためにこのような変調技術が用いられる．このような技術を用いた増幅器に**ロックイン増幅器** (lock-in amplifier) がある．図 4.8 に示す回路で，信号 $V_i(t)$ が角周波数 ω で変調され，それに雑音 $n(t)$ が加わったとする．この信号を角

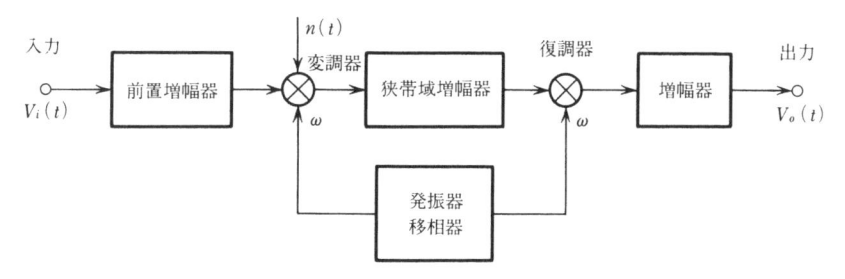

図 4.8 ロックイン増幅器

周波数 ω で復調すると復調器出力には次の式 (4.11) で示される信号が得られる．変調器と復調器の位相差 $\phi=0$ となるように調整し，ω 以上の周波数を取り除くと，増幅された入力信号が出力に得られる．

$$V_o(t) = \gamma \cos(\omega t + \phi)\{V_i(t)\cos\omega t + n(t)\}$$
$$= \gamma V_i(t)\left[\frac{1}{2}\{\cos\phi + \cos(2\omega t + \phi)\}\right] + \gamma n(t)\cos(\omega t + \phi)$$
(4.11)

この方法は，低周波域に強いスペクトルをもつ雑音の影響を避けて，高周波域にいったん信号を周波数変換して増幅する方法である．

4.2.5 周波数の選択

計測で取り扱う信号は多くの調波成分を含んでいることが多いので，ある周波数より高い周波数の信号，あるいは，低い周波数の信号のみを通過させたり，特定の周波数帯の信号のみを通過させたり除去する目的で，周波数の選択を行う．このような処理を行う回路が**フィルタ** (filter) である．フィルタは，抵抗，静電容量，コイルなどの受動部品や水晶振動子のような機械的な共振器を用いる受動フィルタと演算増幅器に周波数選択性の帰還を施して構成する能動型フィルタがある．能動型フィルタには，演算増幅器で作られるアナログ型とスイッチング回路を用いたディジタルフィルタ，スイッチドキャパシタフィルタなどがある．

(a) 受動型フィルタ　　(b) 能動型フィルタ

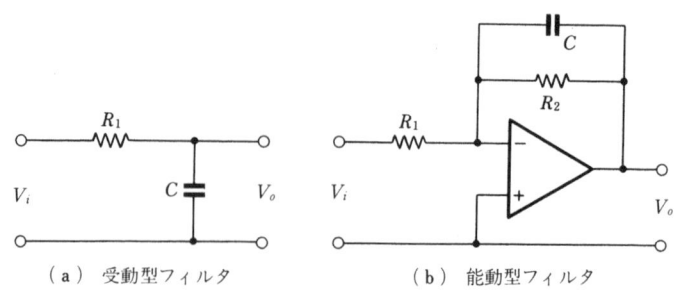

図 4.9　低域通過フィルタ

図 4.9 は，低域通過受動型フィルタと能動型フィルタの例である．それぞれのフィルタの周波数特性は，入・出力の利得を表す伝達関数から求められ，次のようになる．

$$能動型フィルタ \quad \frac{V_o}{V_i} = -\frac{R_2}{R_1}\frac{1}{1+j\omega CR_2} \quad (4.12)$$

$$受動型フィルタ \quad \frac{V_o}{V_i} = \frac{1}{1+j\omega CR_1} \quad (4.13)$$

受動型フィルタは，主として，MHz 以上の周波数帯で使用され，能動型フィルタは数 100 kHz 以下の周波数帯での使用に適している．計測の目的に応じて使い分ける必要がある．

4.3 ディジタル変換

アナログ信号が，連続的な量で表された信号であるのに対し，**ディジタル**(digital)信号は数字に対応する離散的な量で表された信号である．数字に対応する量で表されているので，読み取りに時間はかかるが原理的には桁数を大きくすれば精度をあげることができる．

ディジタル量を数字に変換するには，日常なじみの多い 10 進システムがあり，多くのシステムが考えられる．しかし，電気的にシステムを実現すると，電圧・電流の on・off に対応した 2 進システム，あるいは POSITIVE, OFF, NEGATIVE の 3 進システムなどが考えられるが，2 値システムが実現容易である．2 進システムから 10 進システムに変換することにより，人が最終結果を有効に利用することができる．

アナログシステムでは，混入した雑音と信号との分離が困難である．アナログシステムでは個々のシステムの標準化が困難なので，システム化は困難である．信号の高品質の記憶，記録がむずかしく，その質が劣化しやすい．精度を高めることが困難などの問題点があるのに対して，ディジタルシステムは，次のような長所を持っている．

(1) 信号対雑音比を大きくとることができ，雑音による影響を受けにくい．
(2) 信号処理によっても品質の劣化が少ない．
(3) 個々のシステムの設計が，全体のシステムと分離して設計できる．
(4) 記憶，記録，再生，伝送が容易でこれらの操作による品質の劣化が少ない．

4.3.1 2進法と10進法

電気電子計測で使用される2進法と日常なじみのある10進法について述べる．10進法で表した数は，次のように表される．

$$D_n D_{n-1} D_{n-2} D_{n-3} \cdots D_0 . D_{-1} D_{-2} \tag{4.14}$$

ここで，D は0～9までの正の整数で n は桁を表す．式(4.14)で表された10進数の各桁の表す数を10のべきで表すと式(4.15)のようになる．

$$D_n \times 10^n + D_{n-1} \times 10^{n-1} + D_{n-2} \times 10^{n-2} + D_{n-3} \times 10^{n-3} \cdots$$
$$D_0 \times 10^0 . D_{-1} \times 10^{-1} + D_{-2} \times 10^{-2} \tag{4.15}$$

ここで，10^n～10^{-2} に当たる数は桁上げに関係する数で，10を10進法における基数という．

4.3.2 2 進 法

2進法は2を基数とする算法である．2進法の数は，式(4.16)で表される．

$$B_n B_{n-1} B_{n-2} B_{n-3} \cdots B_0 . B_{-1} B_{-2} \tag{4.16}$$

B_n～B_{-2} は 0，1 のいずれかであり，そのいずれか一つを**ビット**(bit : binary digit) という．式(4.16)を2のべきで表すと，式(4.17)のようになる．

$$B_n \times 2^n + B_{n-1} \times 2^{n-1} + B_{n-2} \times 2^{n-2} + B_{n-3} \times 2^{n-3} \cdots B_0 \times 2^0 . B_{-1}$$
$$\times 2^{-1} + B_{-2} \times 2^{-2} \tag{4.17}$$

4.3.3 情報の符号化と2進化10進変換

数や文字などをディジタル化するときには，それらが一定の長さの**符号**(code)で符号化されることが望ましい．現在，最も広く使用されている符号は，表 4.2

4.3 ディジタル変換

表 4.2

10進数 →	0	1	2	3	4	5	6	7
16進数 →	00	01	02	03	04	05	06	07
7,6,5桁目のビット →	000	100	010	110	001	101	011	111
0 00 0000	NUL	DLE	SP	0	@	P	`	p
1 01 1000	SOH	DC1	!	1	A	Q	a	q
2 02 0100	STX	DC2	~	2	B	R	b	r
3 03 1100	ETX	DC3	#	3	C	S	c	s
4 04 0010	EOT	DC4	$	4	D	T	d	t
5 05 1010	ENQ	NAK	%	5	E	U	e	u
6 06 0110	ACK	SYN	&	6	F	V	f	v
7 07 1110	BEL	ETB	'	7	G	W	g	w
8 08 0001	BS	CAN	(	8	H	X	h	x
9 09 1001	HT	EM	)	9	I	Y	i	y
10 0A 0101	LF	SUB	°	:	J	Z	j	z
11 0B 1101	VT	ESC	+	;	K	[	k	|
12 0C 0011	FF	FS	,	<	L	\	l	!
13 0D 1011	CR	GS	−	=	M	]	m	|
14 0E 0111	SO	RS	.	>	N	^	n	~
15 0F 1111	SI	US	/	?	O	-	o	DEL

└─ 4,3,2,1桁目のビット
└─ 16進数
└─ 10進数

に示す **ASCII**（American Standard Code for Information Interchange）である．これは，**CCITT**（International Telegraph and Telephone Consultative Committee）標準 No.5 のアメリカ版と American National Standard Institution により定義されたものである．これは7ビットコードであるが実際に使用するときには，第8番目のビットをつけ加えて，合計8ビットとしている．これらは，数字，アルファベット（大文字，小文字）％などの記号，タイピングの操作符号にあてられている．8ビットをひとまとめにして一つの情報単位とし**語**（word）を形成し，これを**1バイト**（byte）という．符号を伝送するときに，雑音が混入して正しい数値が不明になるのを防ぐ目的で，8番目のビットに1ビットを挿入する．1語中に含まれる1の数の合計が偶数であるときに，語は偶であるといい，奇数であるときには奇であるという．1語が奇であると最初に定

義しておけば，受信した語が偶であるとそれは誤りであることがわかり，再送信を要求する．このようにすることを**奇遇検査**または**パリティチェック**(parity check)という．挿入される1ビットを**チェックビット**といい，1語が奇数であるときを**奇パリティ**(odd parity)，偶数であるときを**偶パリティ**(even parity)という．このように挿入される1ビットをトランスバースパリティビット(transverse parity bits)という．しかし，たとえば奇パリティの語に偶数個の誤りビットが挿入されたとすると，トランスバースパリティビットだけでは，誤りを検出できない．そこで，数10語を1グループにして，それに含まれる全ての語の桁（ビット）に含まれる偶，奇を検出してパリティビットを作り，さらに全ての語のトランスバースビットについてもパリティビットを作りこれを1語として誤りの検出に役立てる．このようにして挿入されたビットをロンジテューディナルビット(longitudinal bits)という．10進数の1桁ごとの数を10進数で符号化する方法を符号化10進数という．しかし，電気電子計測では，2進数を読み取りに便利なように10進数に変換するとき，2進数で10進数の各1桁を表す方法が用いられる．これを**2進化10進法**(BCD；binary coded decimal)といい，測定器の測定値出力や表示に用いられる．

4.3.4 アナログ量のディジタル変換

アナログ量は，図4.10に示す三つの過程を経てディジタル量に変換される．まず，変換すべきアナログ量を一定周期のクロックパルスにタイミングを合わせて抽出する．これを**標本化**（sampling）あ

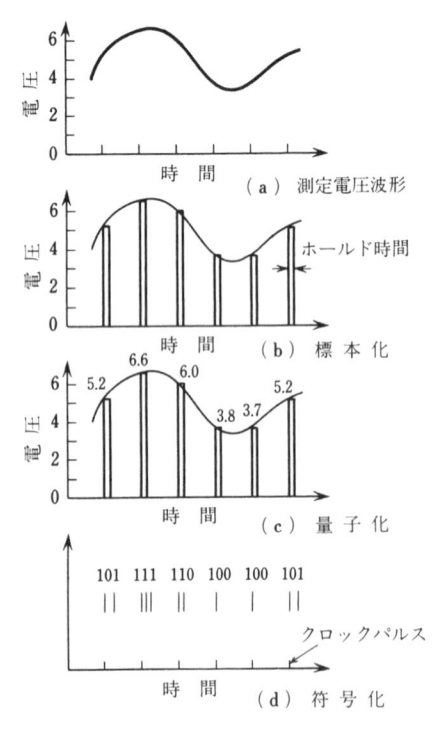

図 4.10 アナログ量の符号化のプロセス

るいは**サンプリング**という．このクロックパルスをサンプリングパルスといい，その周波数をサンプリング周波数という．ついで，標本化したアナログ量を有限桁の数に変換する．この操作を**量子化**（quantization）という．アナログ量を量子化するにはある時間が必要で，変換に必要な時間だけ標本化したアナログ量を保持していなければならない．このような操作を行う回路を**サンプル・ホールド回路**という．量子化されたアナログ量は，次に**符号化**（coding）される．これは，量子化された量を記録，伝送などの便宜のためにいくつかをまとめて，有限桁の数に変換された量を符号に変換する操作で，アナログパルス変調ではパルスの幅（パルス幅変調：PWM）やパルスの高さ（パルス振幅変調：PAM）に変換されるが，パルス符号変調（PCM）やアナログ／ディジタル変換（A/D変換）では通常は2進数に変換される．

サンプリング周波数 f_s とディジタル変換されたアナログ信号をアナログ量に再変換するときの再生可能上限周波数 f_u は，**標本化定理**で $f_u=1/2×f_s$ の関係があって，$f_u>1/2×f_s$ のときには，標本化されたスペクトルに重なりが生じる**折り返し**（aliasing）が発生し，正しいディジタル／アナログ変換ができなくなる．ディジタル／アナログ変換をする際には，f_u より低い周波数を通過させる低域フィルタで不要なスペクトルを除去しなければならない．

4.3.5 アナログ・ディジタル変換

アナログ量をディジタル量に変換するものを **A/D 変換器**（A/D converter）という．変換の速度に応じて，低速，中速，高速変換器に分類できる．低速変換器には，2重積分方式，電荷平衡方式などの積分方式があり，ディジタルマルチメータなどの計測器に利用されている．変換速度は，2重積分方式で数10 ms〜数100 msである．中速の変換器は，帰還比較方式とも呼ばれるもので，追従比較方式あるいは逐次比較方式を用いている．追従比較方式は，変換されるアナログ量が基準量の何倍に当たるかを基準量の倍数で変換していき，その数から変換量を求めるのに対し，逐次比較方式では，アナログ量と比較する際に上の桁から比較して，被変換量との差が最も少なくなるように変換していく方式

である．変換速度は，数 μs～数 100 μs である．数値制御，パルス符号変調通信などに使用される．

高速変換器は，無帰還比較方式を用いており，並列比較により変換する．比較には，アナログ量に対応して 2 進各桁を同時に比較するもので高速変換が可能であるが，各桁比較用の比較器が必要となる．変換速度は，数 ns～数 100 ns である．波形記憶装置，画像情報処理などに使用される．

計測器に用いられている 2 重積分型 A/D 変換器について説明する．この変換器は，**デュアルスロープ** (dual slope) 方式ともよばれている．この変換器の構成を図 4.11 に示す．直流の測定電圧 V_x は，CPU (central processing unit) によって制御されたスイッチ SW₁ を通って積分器に入力され，t_x 時間だけ積分されて，電圧比較器の設定電圧に達したことが比較器により検出される．そのときの積分器の出力 V_{ox} は，式 (4.18) のようになる．

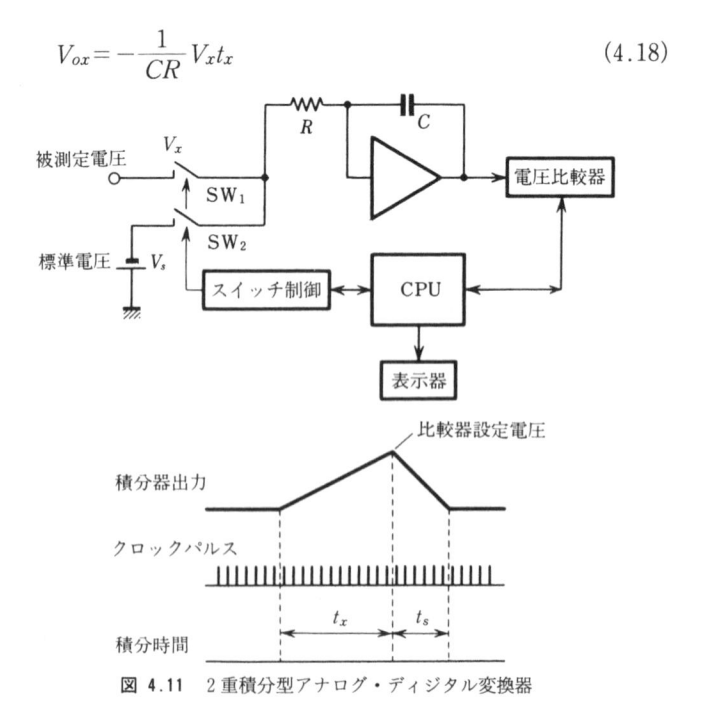

$$V_{ox} = -\frac{1}{CR} V_x t_x \tag{4.18}$$

図 4.11　2 重積分型アナログ・ディジタル変換器

このとき，積分器の入力がCPUによってスイッチSW₂に切り替えられ，ツェナー (Zener) ダイオードなどで発生させた測定電圧と逆極性の標準電圧 V_s が積分器出力が0ボルトになるまでの時間 t_s だけ積分される．このときの積分器の出力電圧 V_o は式 (4.19) で表される．

$$V_o = -\frac{1}{CR}V_x t_x + \frac{1}{CR}V_s t_s = 0 \qquad (4.19)$$

したがって，被測定電圧 V_x は式 (4.20) で表せる．

$$V_x = \frac{t_s}{t_x}V_s \qquad (4.20)$$

積分時間は，タイムベースで発生した精密なクロックパルスにより正確に計測される．クロックパルスの周期，基準電圧，部品の定数などの経時変化は長期間にわたるので，測定値にこれらの影響は現れないとしてよい．また，積分周期と電源などから混入する誘導雑音の周期が一致すれば，測定値にその影響は現れない．

(1) A/D変換器の誤差

(a) 分 解 能

A/D変換器は，測定アナログ量を予め定められたビット数のディジタル量に変換する．このときに，測定アナログ量の範囲をビット数当たりに割り当てなければならない．たとえば，0から V ボルトまでを**フルスケール** (FS；full scale) とする測定電圧を N ビットで表すとすると，1ビット当たりの測定電圧 V_b は次式で与えられる．

$$V_b = \frac{FS}{2^N} \quad (\text{V/bit}) \qquad (4.21)$$

これを**最小ビット** (LSB；Least Significant Bit) といい，アナログ量をディジタル量に量子化するときに識別できる最小単位である．したがって，変換の時に最も変換誤差が少なくなるのは，測定電圧が最小ビットの整数倍になったときである．逆に n を整数としたとき，$n \times \text{LSB} + (\pm 1/2) \times \text{LSB}$ にあたる測定電圧のとき，変換誤差が最も大きくなる．$(\pm 1/2) \times \text{LSB}$ は量子化にともなう避

けられない誤差で，**量子化誤差** Q_e といい次式で表される．

$$Q_e = \frac{FS}{2^{N+1}} \tag{4.22}$$

（b） **オフセット誤差**

変換器の入力電圧が 0 であっても，出力電圧は 0 とはならないことがある．この出力電圧をオフセット誤差という．オフセット誤差は，オフセット電圧を増幅器の利得で除した商，すなわち，入力側に換算した電圧で表すのが普通である．オフセット誤差は，電源電圧変動，温度変動に起因するドリフトであり，変換器によっては自動的にオフセット電圧を 0 にする回路を備えているものもある．

（c） **利 得 誤 差**

規定のフルスケールのアナログ電圧が変換器に入力されても，それに対応したディジタル出力電圧の表示が得られないときの誤差を利得誤差という．これは，A/D 変換するさいの基準電圧や基準電流が正確に設定されていないときに生じるもので，基準電圧を作るツェナーダイオードの温度変動なども一因である．

（d） **非直線誤差**

原理的には，A/D 変換はアナログ電圧と LSB との関係で直線性のある変換を行うことになっている．しかし，ディジタル出力表示が LSB の整数倍にならない．これを非直線誤差という．

4.4 ディジタル・アナログ変換

ディジタル変換された量をアナログ量に変換する操作が，必要になる．ディジタル量をアナログ量に変換するには，ディジタル数の桁に対応したスイッチ回路で加算演算増幅器の抵抗値のスイッチングを行い，アナログ量に変換する方式が多い．

図 4.12 は，電流加算方式の D/A 変換器の原理を示す．この方式では，抵抗

4.4 ディジタル・アナログ変換

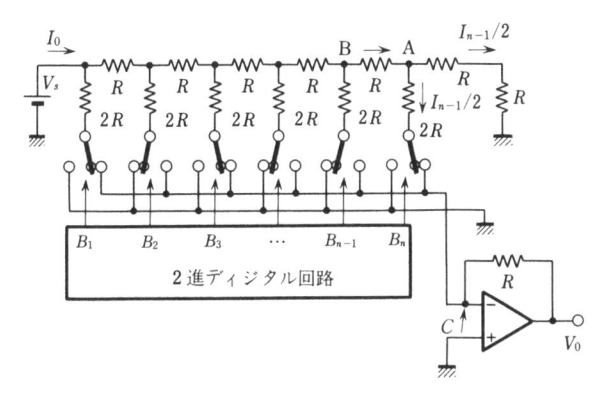

図 4.12 ディジタル・アナログ変換器

網により電流を $1/2^n$ に分流して 2 進桁に応じたスイッチで加え合わせて変換する．図の A 点で分岐した抵抗は，共に等しいので電流は 2 分される．B 点でも同様に分岐した抵抗値は等しいので，電流は 2 分される．また，演算増幅器の入力 C 点は仮想接地であるから，この抵抗網の合成抵抗は R となる．スイッチ B_i は，2 進数に対応しており on か off の状態にある．基準定電圧源 V_s から回路に流入する電流 I_i は式 (4.23) のようになる．

$$I_i = \frac{V_s}{R}\left(\frac{B_1}{2^1} + \frac{B_2}{2^2} + \cdots + \frac{B_n}{2^n}\right) \tag{4.23}$$

帰還抵抗 R にこの電流が流れるので，増幅器出力 V_o には $-I_i \times R$ が現れて，ディジタル量がアナログ量に変換される．

$$V_o = -I_i \times R = -\frac{V_s}{R}\left(\sum_{i=1}^{i=n} B_i 2^{-i}\right)R = -V_s \sum_{i=1}^{i=n} B_i 2^{-i} \tag{4.24}$$

誤差の小さな変換を行おうとすれば，分流用の抵抗値を正確に調整しなければならない．この方式では，R と $2R$ の 2 種類の抵抗を調整するだけであるから，多種類の抵抗を調整するのに比較して精度を高めやすい．

4.5 ディジタル量の伝送と接続

2進数に変換された信号は，パルスの有（高電位レベル）・無（低電位レベル）で"1"と"0"を表す**正論理**（positive logic）と有・無が"0"と"1"に対応する**負論理**(negative logic)がある．また，これらのパルスを伝送するには，時間的に直列にパルスを伝送する**直列伝送**(serial transmission)とビット数に対応した数の線を使って同時に伝送する**並列伝送**（parallel transmission）とがある．パルスの形式にも図4.13に示すように，"0"と"1"に対応して必ず0に復帰する**零復帰**(return-to-zero)と同じビットが連続したときは0に復帰せずそのままの状態を継続する**非零復帰**（non-return-to-zero）とがある．

計測システムの構築，ディジタル量の伝送においては，信号回線のビット数，制御信号の電圧レベル，極性，制御フォーマットがまちまちではシステム構築は困難である．1972年に米国がディジタル信号の接続法としてIECに提出した方式は，IEC-625-2(1980)として正式承認され米国ではIEEE-488-1975(1978, 1980年に一部補足)として制定されている．この方式は，GP-IB（general purpose interface bus）と呼ばれている．GP-IB搭載機器はケーブル接続だけで容易にシステムが構築できる利点があるので，1979年以降急速に普及してきた．

(a) Non-Return-to-Zero パルス

(b) Return-to-Zero パルス

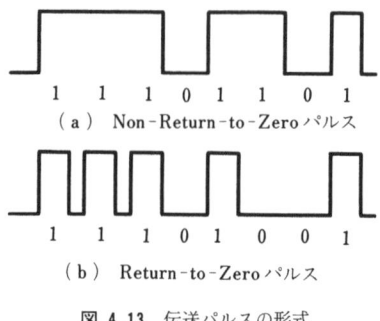

図4.13 伝送パルスの形式

図 4.14 に示す GP-IB には，機器固有の規格によらない電気的，機械的，機能的な規格の標準化が行われているので，製造者の異なる機器の接続が可能である．**送信側** (talker) は，**受信側** (listener) の速度に応じたデータ，コマンドの伝送が可能な非同期方式の伝送が可能である．ソフトウェアに文字コードの使用が可能であるから，フログラミング，フォーマットの互換性が広い．1 本のバスラインに最大 15 の機器が接続でき，1 本のケーブルは総延長は 20 m まで許される．データ伝送速度は，最大 1 Mbyte/s である．GP-IB に接続するためのコネクタには，IEEE-488-1978 の 24 極コネクタがある．25 極の IEC-625-1 (IEC-IB) もあり，変換コネクタを仲介にして相互に変換接続ができる．

ディジタル機器を接続するときには，機器とバスとの間に他の機器との仲立ちをする**インタフェース** (interface) が挿入される．インタフェースと他の機器を接続するインタフェースバスは，データ入出力バス 8 ビット (8 本の線)，転送バス 3 ビット (3 本)，管理バス 5 ビット (5 本) からなっている．

インタフェースの機能は 3 種類ある．(1) 送信する機器 (talker) が対象とする機器に信号を送る．(2) 受信する機器 (listener) から信号を受信する．(3) 機器が自分自身あるいは他の機器を制御する**コントローラ** (controller) としての機能．インタフェースの機能の内容は，送信タイミング，受信タイミング，データの送信，データの受信，機器の初期設定などである．

ディジタル機器と**モデム** (modem)，テレタイプなどの端末機器の接続には，**米国電子工業会** (EIA；Electronic Industries Association) が 1969 年 10 月に発表し，1981 年 6 月に承認した接続用コネクタの形状，機械的特性，信号線の役割，電気的特性などを定めた直列 (シリアル) 伝送のインタフェースの規格である **RS-232 C** (Recommended Standard 232 C) がある．RC-232 C コネクタは，25 ピンで，全てのピンが使用されるのではなく，パーソナルコンピュータなどの信号の授受には，9 ピン程度でよいことが多い．伝送最長距離は 15 m で，最高伝送速度は 20 kb/s である．

練 習 問 題

[1]　図 4.3 の加算器と積分器の入，出力関係を表す式を求めよ．
[2]　2 重積分方式 A/D 変換器は電源雑音の影響を受けない理由を説明せよ．
[3]　アナログ量はどのようなプロセスで符号化されるか説明せよ．
[4]　アナログ計測とディジタル計測のそれぞれの特徴を述べよ．
[5]　LSB（least significant bit）とは何か．
[6]　2 進化 10 進法で 95 はどのように表されるか．

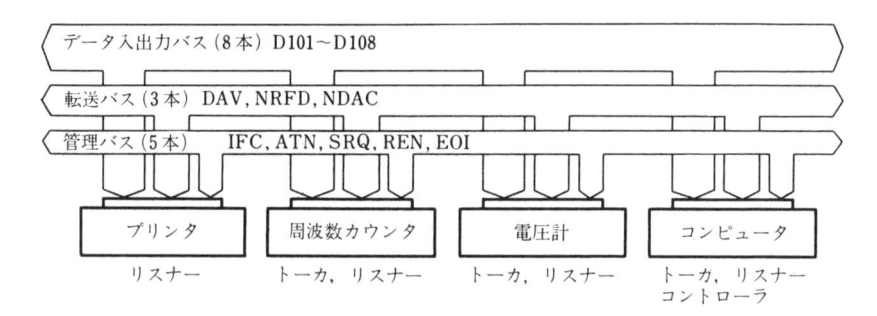

データ入出力バス（8本）D101～D108
転送バス（3本）DAV, NRFD, NDAC
管理バス（5本）IFC, ATN, SRQ, REN, EOI

プリンタ　　周波数カウンタ　　電圧計　　コンピュータ
リスナー　　トーカ，リスナー　トーカ，リスナー　トーカ，リスナー
　　　　　　　　　　　　　　　　　　　　　　　　コントローラ

DIO：DATA INPUT/OUTPUT, DAV：DATA VALID,
NRFD：NOT READY FOR DATA, NDAC：NOT DATA ACCEPTED
ATN：ATTENTION, IFC：INTERFACE CLEAR,
SRQ：SERVICE REQUEST, REN：REMOTE ENABLE,
EOI：END OR INENTIFY

図 4.14　GP-IB と機器の接続

5 電圧と電流の測定

5.1 はじめに

 測定しようとする電圧や電流値は，測定対象の属する分野によって約 10^{10} もの開きがある．たとえば，雑音と混じりあった信号の中で目的とする電圧を検出しなければならないこともある．また，ビーム型セシウム原子周波数標準などでは常時検出されるビーム電流は，数 pA であり，集積回路の素子 1 個に流れる電流は数 μA 程度であり，発・送電や核融合実験などの電力分野では，数万 A から数 100 万 A にも及ぶ．これらの測定では，周波数がそれぞれ異なり，電流も瞬時にしか流れないこともある．測定値に応じて，測定法も増幅器を用いる能動型の測定から測定対象からエネルギーを流用して測定する受動型測定法まである．ここでは，それらの測定法と測定器について述べる．

5.2 交流波形と測定値

 測定電圧の**波形**（waveform）は様々であるが，**正弦波**（sinusoidal wave）であるとして測定器では測定量を指示，あるいは表示することになっている．そのため，測定器の動作原理を知ることが正しい測定を行う上で欠かせない．
 測定電圧の**瞬時値**（instantaneous value） $V(t)$ が式 (5.1) で示されるとする．

$$V(t) = A \sin \omega t \tag{5.1}$$

ここで，A は**振幅**(amplitude)，t は時間，ω は**角周波数**(angular frequency：

$2\pi f$) である．**波高値** (peak value) V_p とは振幅に当たる量である．交流電圧の**平均値** (mean value) V_{av} とは，式 (5.2) に示すように時間的に正弦波状に変化する電圧の絶対値を 1 周期 $T = (2\pi)/\omega$ にわたって平均した値である．

$$V_{av} = \frac{1}{T}\int_0^T |A \sin \omega t| dt \tag{5.2}$$

交流電圧の平均値は，交流電圧を整流すれば求められる．

交流電圧の**実効値** (root-mean-square value, effective value) V_{rms} は 2 乗平均値とも呼ばれ，式 (5.3) のように電圧を 2 乗して，1 周期間にわたって平均した量の平方根である．

$$V_{rms} = \left[\frac{1}{T}\int_0^T A^2 \sin^2 \omega t dt\right]^{1/2} \tag{5.3}$$

式 (5.3) の定義から，交流電圧の実効値を次のようにも定義できる．交流電圧の実効値とは，抵抗器に交流電圧の周期と等しい時間だけ直流電流が流れたときに，その周期中に抵抗器で消費される直流電力に等しい熱損失を抵抗器に発生させる交流電圧である．このため，ほとんどの電圧計や電流計は正弦波の実効値で指示したり表示するようになっている．

直流電圧の大きさは，**ジョセフソン素子**に基づく電圧標準で定義され（3 章参照），**標準電池**にその電圧が移され実用標準として用いられる．実効値電圧の定義からわかるように，交流電圧の校正は，ジョセフソン素子で定義された精密な直流電圧を抵抗器を仲介にして交流電圧に移すことにより行う．

波形率 (form factor) は，実効値に対する平均値の比と定義されている．ひずみ波形では，1 周期のうち正の波高値と負の波高値の絶対値が等しくない場合が多いので，測定波形が正弦波でないときに波形率が重要になる．ひずみ波形の測定では，負と正の波高値間の電圧，すなわち両波高値電圧の絶対値の和 V_{p-p} を用いることが多い．このとき，$(V_{p-p})/2$ は，必ずしも正あるいは負の波高値に等しくはならないことになる．

波高率 (crest factor) は，波高値に対する実効値の比と定義されている．電圧計・電流計は正弦波の実効値で表示されているので，正弦波形の電圧・電流

測定をする場合には，その表示値から平均値などの値を定義から求めることができる．しかし，ひずみ波形の場合には，その表示は正しいものでないことに注意しなければならない．正弦波電圧については，これらの値は表5.1のような関係になっている．

表 5.1　正弦波交流電圧のパラメータ

波高値 V_p	実効値 V_{rms}	平均値 V_{av}	波形率 α	波高率 β
$\sqrt{2}\, V_{rms}$	$V_p/\sqrt{2}$	$(2\sqrt{2}/\pi)\, V_{rms}$	V_{rms}/V_{av}	V_p/V_{rms}

5.3　指示計器とディジタル計器

計測器は，測定量を測定し，表示する方法で**指示計器**（indicating instrument）とディジタル計器（digital instrument）に分類できる．指示計器は，電気量である測定量を機械量に変換し，それを指針で**目盛盤**（scale plate）上に指示させるものである．これは，測定回路から変換に要するエネルギーを消費する受動型の計器で可動コイル型，コイル中に鉄片を吸引させトルクを発生させる可動鉄片型計器などがある．ディジタル計器は，アナログ量である測定量を直接あるいは増幅などのアナログ変換を行ったのちディジタル量に変換し，放電管，液晶表示管，発光ダイオードなどを用いて数字で表示する計器である．このほかに液晶表示管や陰極線管などを用いて，指示計器を表示してあたかも実物の指示計器のような表示を行う，ディジタル指示計器ともいうべき計器もある．この種の計器の用いられる理由は，指示計器の表示が直感的で，指示計器が多く用いられていたのでそれに慣れている使用者が多いためである．

指示計器は，測定対象の電磁界と計器内に予め設けた電磁界との相互作用により生ずる電磁力でトルクを発生し，指針などを動かせる機械的な計器である．図5.1に可動コイル型指示計器の構造を示す．長方形の枠に巻かれた可動コイルには，2本の回転軸が取り付けられルビーなどでできた上下の軸受けで支持されている．コイルは永久磁石で作られた磁束密度Bの磁界の中に置かれている．回転軸には上下に制御ばねが取り付けられ，このばねを通してコイルに電

流が流される．永久磁石の磁界とコイルに流れた電流による電磁力でコイルにはトルク τ が発生し，電流の強さに応じた角度 θ だけ回転する．回転軸には指針が取り付けられており，コイルの回転に応じて振れる．発生したトルクは式 (5.4) で表せる．

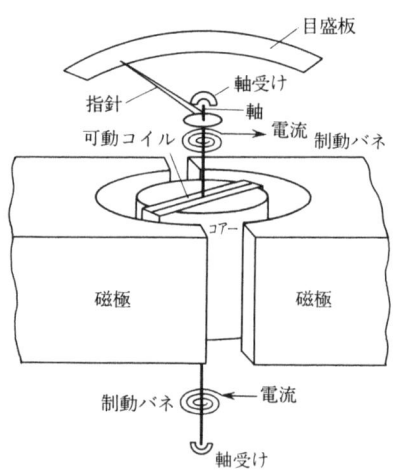

図 5.1 可動コイル型指示計器の構造

$$\tau = BANI \tag{5.4}$$

ここで，A は磁束と鎖交するコイルの面積，N はコイルの巻数，I はコイルに流れる電流である．コイルの回転角 θ は，トルクに比例するから，比例係数を K とすると，式 (5.5) で表せて電流に比例した角度になる．

$$\theta = BANI/K \tag{5.5}$$

K は，計器定数と呼ばれている．

可動コイル型計器のコイルの支持構造を改善するなどして感度をさらに高めて，微小電流の検出ができるようにしたのが検流計である．これは，可動コイル型計器の回転軸の代わりに燐青銅製などの箔線で可動コイルを吊り下げ，これに軸受けと制御ばねとの役割をさせ，指針の代わりにこの箔細線（リガメント：ligament）に鏡を取り付けこれに光を当てて，反射光を計器から離れた場所に置かれた目盛の描かれているスクリーン上に投影する構成になっている．ス

5.3 指示計器とディジタル計器

クリーンと計器の距離が離れているので，振れ角の変化を拡大して観測できることになる．

この方式の計器は，温度変化に対して指示値が変化する．この主な原因は，永久磁石の磁界の強さが温度上昇により弱くなり，コイルの抵抗が上昇するためである．

指示計器のコイルに電流が流れたときのコイルの回転運動は，式 (5.6) の 2 階の微分方程式で表せる．

$$J(d^2\theta/dt^2) + D(d\theta/dt) + K\theta = Gi \tag{5.6}$$

ここで，J は，コイル，指針などの可動部分の慣性モーメント，D は制動トルク係数で，この項は空気の摩擦抵抗などで制動トルクとなる．K は制御トルク係数で，ばねによる制御トルクとなる．G は磁束密度に比例する係数で，この項は駆動トルクを発生する．また，G はコイルが回転したときコイル中に発生する回転角速度に比例した逆起電力の強さの尺度でもある．いま，コイルの自己インダクタンスによる逆起電力を無視すると，コイルの抵抗が R で，これに加わる直流入力電圧を E とすると，流れる電流は式 (5.7) で表せる．

$$i = (E - Gd\theta/dt)/R \tag{5.7}$$

これを式 (5.6) に代入すると式 (5.8) が得られる．

$$J(d^2\theta/dt^2) + k(d\theta/dt) + K\theta - GE/R = 0, \quad k \equiv D + G^2/R \tag{5.8}$$

式 (5.8) を $t=0$ で $\theta=0$，$d\theta/dt=0$ の初期条件でとくと式 (5.9) が得られる．

$$\theta = GE/KR\{1 - (\exp(-\alpha t)/2\beta)\}\{\alpha[\exp(\beta t) - \exp(-\beta t)] + \beta[\exp(\beta t) + \exp(-\beta t)]\}$$

$$\alpha \equiv k/2J \quad \beta \equiv (k^2 - 4J\tau)^{1/2}/2J = (\alpha^2 - \omega_0^2)^{1/2} \quad \omega_0 \equiv (\tau/J)^{1/2} \tag{5.9}$$

α は常に正であるから，出力は指数関数的に減衰する．そのため，α は出力が一定値に落ち着くまでの時間の尺度になるもので，制動率という．ω_0 は，コイル，指針，ばねなどの可動部の空気抵抗，摩擦などの損失がなく，入力電圧もないときの可動部の固有角周波数である．式 (5.9) の α と ω_0 の大小関係で β には

正，負，零の三つの異なる場合が存在するので，式 (5.9) はそれに応じて三つの解が存在する．

(a) $\alpha < \omega_0$ の場合：

$$\frac{GE}{\tau R} \equiv \theta_0, \quad \beta = j\sqrt{\omega_0^2 - \alpha^2} = j\beta', \quad \theta = \theta_0 \left\{ 1 - \frac{e^{-\alpha t}}{\cos \phi} \cos(\beta' t - \phi) \right\}$$

$$\phi = \tan^{-1}(\alpha/\beta')$$

β は虚数となり，入力直流電圧 E を加えたとき指針の振れ θ すなわち出力は，時間の経過とともに図 5.2 に示すように最初定常値より大きくなってから減衰振動をしながら定常値に落ち着く．この状態を**不足制動** (underdamping) という．

(b) $\alpha > \omega_0$ の場合：

$$\theta = \theta_0 \left\{ 1 - \frac{e^{-\alpha t}}{\cosh \phi} \cosh(\beta' t - \phi) \right\}, \quad \phi = \tanh^{-1}(\alpha/\beta)$$

β が正になり，(a) の場合のように出力は振動せずに定常値に落ち着く．このような出力状態を**過制動** (overdamping) といい，出力は振動しないが定常値に達するのに長い時間がかかる．

(c) $\alpha = \omega_0$ の場合：

$$\theta = \theta_0 \{ 1 - (1 + \alpha t) e^{-\alpha t} \}$$

β は 0 となり，出力は振動しない．出力は，振動しない状態では最も速く定常値に達する．このような出力状態を，**臨界制動** (critical damping) という．

図 5.2 は，時間的に階段状に変化する入力電圧に対する指針の振れ θ の特性で，計器の**応答** (response) という．指針の振れ θ と入力電圧の比を入力周波数の関数として表した式を**伝達関数** (transfer function) といい，周波数に対して伝達関数を表したグラフを**周波数応答** (frequency response) あるいは周波数特性という．入力電圧と出力との位相関係を周波数の関数として表したものが位相特性で，入力と出力との位相差は一定であることが望ましい．たとえば，複数台の可動線輪型記録計を同時に使って，物理現象を電圧に変換して記録しても，位相特性，周波数特性に違いがあると，記録された現象の同時性を測定することが困難になる．ひずみ波形は多くの高調波成分を含むので，測定

にあたってはこれらの特性を考慮する必要がある．

指示計器は次第に使われなくなってきた．しかし，2階の微分方程式で表せる現象は多い．入力と出力の関係が同じ形式の微分方程式で表せる現象は，同じ応答をするので，電気系の測定でも機械系の測定でも両者の**相似性**(analogy)を念頭に置いて測定することが大切である．

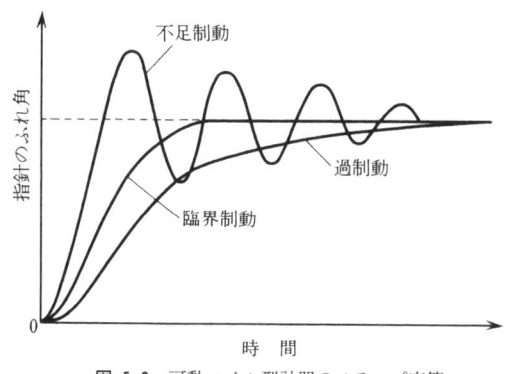

図 5.2 可動コイル型計器のステップ応答

ディジタル計器は，機械的な機構を全く持たない純電気的な計測器である．測定電気量を電気回路で処理し，発光ダイオード，液晶などを使って表示する．電圧，電流など単一の電気量を計測する計器は少なく，1台の計器で直流，交流の電圧，電流，抵抗などの測定ができる汎用型の**ディジタルマルチメータ**(digital multimeter)と呼ばれている計器が多く使われている．計器内での電気量の処理には，多くの場合高精度アナログ演算処理が使われる．ディジタル計器は，高精度 A/D 変換器と電子回路を使って高精度・高分解能の測定ができる．測定値が数字で表示されるので，アナログ計器のような測定者に固有の読み取り誤差が全くない．また，電子回路の入力抵抗を数 10 MΩ にすることも困難ではないので，測定回路にほとんど影響を与えないで測定することができる．入力回路には，過大入力に対する保護回路を設けることで瞬時的な高電圧や誤使用に対する信頼性を高くすることができる．また，測定回路と演算処理，表示回路とを光回路などで絶縁できるので，測定の際の安全と高精度測定が期待できるし，

コンピュータに接続したときにコンピュータと測定回路を電気的に絶縁できる．測定量は，ディジタル値で得られるので，GP-IB (general purpose interface bus) を通してコンピュータに接続し，測定・制御・表示・記録・演算処理などが容易に自動的に行えるなどアナログ計器に比べて優れた点が多い．

5.4 直流電圧の測定

どのような物理量の測定においても，測定にあたっては測定対象の状態変化を起こさないようにしなければならない．しかし，測定器を接続することによって回路の状態は変化する．そこで，計器の接続による影響を計算により求めて誤差の見積をし，正確な値を求めることが必要である．

図5.3のような内部抵抗 R_0 の電源に接続された負荷抵抗 R の両端の電圧とそこに流れる電流を測定する．電流は図5.3(a)のように電流計を回路に直列に接続し，その表示を読めばよい．電流計の内部抵抗を R_A とし，電流計を接続する前の電流 I_0 と接続後の電流 I_1 としてその比を求めると，式(5.10)になる．

$$I_0/I_1 = 1 + R_A/(R_0+R) \tag{5.10}$$

これから，正確な電流測定をするには内部抵抗の小さい電流計を使用しなければならないことがわかる．同じようにして電圧測定では，内部抵抗 R_v の電圧計を接続する前の負荷の端子電圧 V_0 と接続後の電圧 V_V との比を求めると，電圧計の内部抵抗が大きいほど正確な測定値が得られることがわかる．

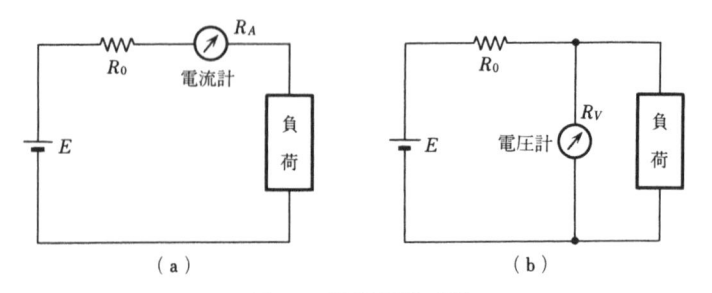

図 5.3 電圧と電流の測定

5.4 直流電圧の測定

測定器の内部抵抗を零にしたり無限大にはできないので，測定値は真の値ではなくなる．内部低抗の影響を小さくして，測定するため，零位法を用いて測定器の内部抵抗を見かけ上無限大にして測定する電位差計法がある．この方法は，電圧の精密測定ができるので，電圧標準の維持などの精密計測に用いられる．図5.4にこの測定法を示す．標準電源としては標準電池あるいは直流標準電圧発生器を用いる．すべり抵抗器 R_R のブラシの位置 p を $0 \sim 1$ で表すと，ブラシを移動していくとある位置で 10^{-10} A の微小電流を測定する**検流計** (galvanometer) に電流が流れなくなり，無限大の内部抵抗を持つ電圧計を接続したのと同じことになる．この状態を**平衡** (balance) という．このとき測定電圧 V_x と標準電圧との間には次式の関係が成り立ち，測定回路の状態を乱さずに電圧が測定される．

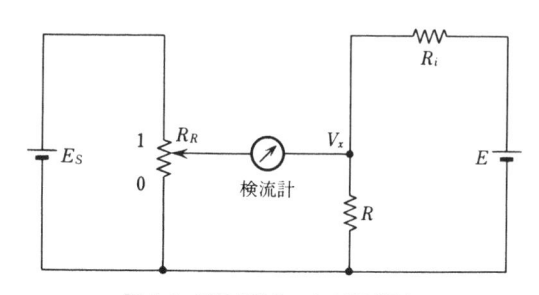

図 5.4 電位差計法による電圧測定

$$pE_s = V_x \tag{5.11}$$

直流標準電圧発生器は，ツェナーダイオードで発生した標準電圧を電子回路で処理して，$1\,000\,\text{mV} \sim 1\,000\,\text{V}$ の電圧を分解能 $1\,\mu\text{V} \sim 1\,\text{mV}$ で発生できる装置である．

検流計の代わりに，増幅器を用いて不平衡時の電圧を検出して増幅し，サーボモータを駆動し，それによって記録ペンをつけたブラシを移動させ平衡をとると同時に記録紙に電圧変化を描くようにした計器が自動平衡記録計である．$0.1\,\text{mV} \sim 200\,\text{V}$ の電圧の測定と記録ができる．増幅器には，直流電圧測定時のドリフト (drift) を避けるために，**チョッパ増幅器**が用いられる．

指示型計器でもディジタル計器でも数A以下の電流測定ができる．計器の測定範囲以上の電圧を測定するには，電圧計に直列に既知抵抗を接続し電圧計の内部抵抗と既知抵抗の分圧比から電圧を計算によって求める．電流は，電流計に並列に既知抵抗を挿入し，電流計の内部抵抗と既知抵抗の抵抗値から分流比を求め，電流を計算で求める．

5.5 交流電圧の測定

高用周波数の交流電圧の測定には図5.5のようにダイオードと可動コイル型計器とを組み合せた整流方式の計器が用いられる．1〜2kHz程度の周波数の交流の測定は，直流電圧の測定と同様にして，可動鉄片型計器などで測定できる．数kHz以上の周波数の電圧測定には，電子式電圧計が用いられる．

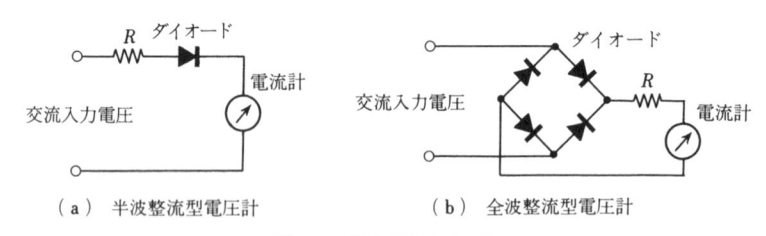

（a）半波整流型電圧計　　　　（b）全波整流型電圧計

図 5.5　整流型交流電圧計

5.5.1 電子式電圧計

電子式電圧計（electronic voltmeter）は，測定電圧を直流に変換し表示するまでの測定量の処理法で**アナログ式電圧計**（analog voltmeter）と**ディジタル式電圧計**（digital voltmeter）の2種類に分類できる．アナログ式電圧計は，交流電圧をダイオードで直流に変換し，電子回路で増幅して指示計器で測定値を表示する電圧計である．電子回路に以前**真空管**（valve）が用いられたことから，真空管電圧計などと呼ばれていたが，現在では半導体素子の増幅器が用いられている．

電子式電圧計を選択するにあたって考慮すべき特性を以下にあげる．

測定可能周波数範囲：数 Hz ～ 2 GHz の周波数が測定できる．

測定可能電圧：数 μV ～数 100 V の電圧の測定が可能．

測定電圧の確度：測定範囲における感度とも関連する．

入力インピーダンス：入力容量で表すことが多く，数 pF くらい．MHz 帯では 1 ～ 10 MΩ，数 10 pF くらい．

電子式電圧計には測定電圧を整流する方法で二つに分類できる．測定電圧をいったん直流に変換し，減衰器を通して適当な大きさにし，チョッパ増幅器で増幅しその出力を指示計器で表示するものと，測定電圧を減衰器で適当に減衰させ交流増幅器で増幅した後，直流に変換し指示計器で表示するものとである．測定電圧を増幅して直流に変換する方式は，広帯域増幅器を必要とするので，MHz 程度の周波数までの測定に用いられる．

測定電圧を直流に変換する方法は，図 5.6 に示すような方法があり，RC の時定数を測定電圧の周期より大きくすると，それぞれ波高値と両波高値電圧(p-p 電圧)が出力に現れる．実用されている回路は，図 5.6 の回路が，容器に収められており，これを**電圧プローブ** (probe) という．出力電圧は，ケーブルで，減衰器，増幅器，表示器の収められた本体に接続される．プローブを用いるために，この形式の電圧計を **p 型電圧計**ともいう．

（a）波高値型　入力インピーダンス $Z_i = R/2$

（b）両波高値型　入力インピーダンス $Z_i = R/3$

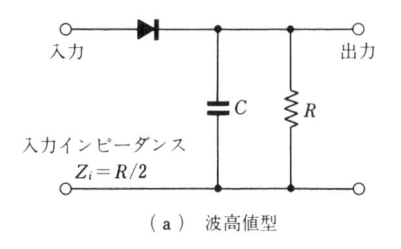

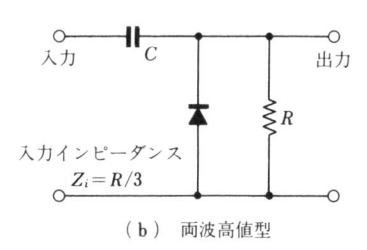

図 5.6　電圧プローブの構成

この方式の電圧計は，プローブを使用しなければ直流電圧の測定ができるので，微小直流電圧計としての機能を備えているものもある．直流を測定するときには，増幅器の入力インピーダンスを帰還により変換する方法を用いる．電

圧測定のときには，電圧帰還をほどこして入力抵抗を高くした増幅器に測定電圧を入力し，電流を測定する場合には，電流帰還をほどこした低入力抵抗の増幅器に測定回路を接続する方式を採用している．この方法で，入力インピーダンス 10 数 kΩ で，数 100 pA の電流が測定できる．

電子式電圧計は，交流・直流変換にダイオードを使用しており正弦波形で校正し表示が行われるので，ひずみ波形電圧を測定するときには誤差が大きくなる．しかし，数 10 mV 以下の電圧測定では，ダイオードの 2 乗検波特性を用いて，実効値電圧の検出ができる．それ以上の電圧では，波高値が検出できる．

5.5.2 ディジタル電圧計

ディジタル電圧計は，測定電圧を電子回路でアナログ・ディジタル変換（A/D 変換）して計数表示する電圧計である．変換器には，変換速度は速くないが A/D 変換期間と同じ周期の雑音の影響を受けない，高精度，高分解能が得られるなどの理由により，おもに 2 重積分方式アナログ・ディジタル変換器が用いられている．おもな雑音は，電源から混入してくるので，電源周期と異なる A/D 変換期間を用いるときには，測定値に対する雑音の影響を考慮する必要がある．

A/D 変換では，直流電圧はそのままディジタル変換できるが，交流電圧は平均値応答または実効値応答変換が用いられる．ダイオードを用いた平均値応答では，正弦波以外の波形の電圧測定には誤差が大きくなる．

実効値の応答変換には，測定電圧で抵抗線を熱し，熱電対で直流に変換するサーマル変換方式と測定電圧に 2 乗平均演算を施す 2 乗演算回路方式とがある．熱変換する方法は，真の実効値測定が可能で測定帯域が広いが，応答が遅い．演算回路を用いると高速応答測定ができる．演算回路の入力範囲には限界があるので，ひずみ波形を測定するときには，測定可能な波形率の上限に注意することが大切である．波形率 0.7 程度までのひずみ波形が測定できる．

図 5.7 は，交流・直流電圧・抵抗測定用のディジタル電圧計のブロック図である．

5.5 交流電圧の測定

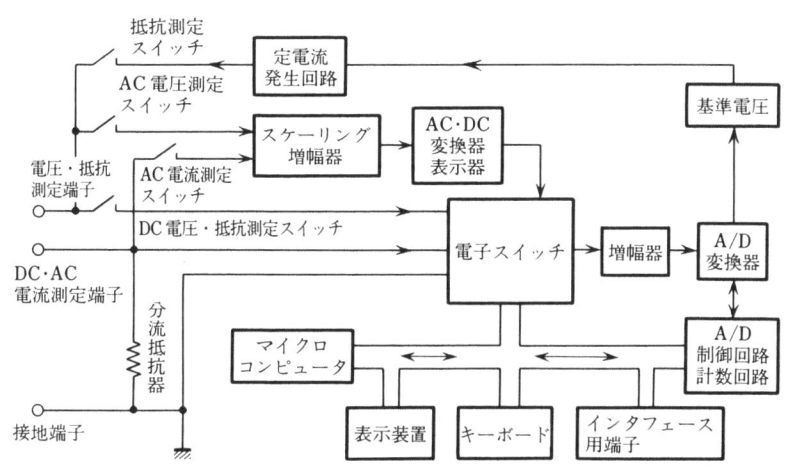

図 5.7 ディジタルマルチメータのブロック図

　直流定電流源を未知抵抗に接続し，その端子電圧を測定すれば抵抗を求めることができる．ディジタル電圧計は，直流・交流の電圧・電流測定だけでなく，抵抗測定のための直流定電流源を内蔵して直流抵抗の測定も可能なものもある．そのため，電圧，電流および抵抗測定機能を持つものは，ディジタルマルチメータとも呼ばれ，高精度の机上用のものから簡易型の手のひらサイズのものまである．ディジタルマルチメータにはマイクロコンピュータが組み込まれているので，測定値の移動平均をとる測定値の平滑化，標準偏差などを始めとする測定値の統計処理もできる．

　ディジタルマルチメータの測定可能範囲は，直流電圧 10 nV 〜 1 kV，電流 10 nA 〜 10 A，交流電圧 1 μV 〜 1 kV，電流 10 nA 〜 10 A，直流抵抗 100 μΩ 〜 200 MΩ 程度である．測定可能周波数は，測定確度が読みの数％なら，1 MHz くらいである．

　ディジタル電圧計の選択にあたっては，次の事項を考慮することが大切である．数値は代表例を示す．

　　入力インピーダンス：直流；電圧測定 10 GΩ 〜 10 MΩ，電流測定 0.01 Ω 〜 110 Ω

交流；電圧測定 1 MΩ，
電流測定 0.01 Ω ～ 110 Ω

測 定 分 解 能：直流 0.1 μV ～ 1 μV；交流 10 μV，抵抗 10 μΩ
測 定 値 の 確 度：高確度のもので±{読みの 0.03 % ＋ 1 digit} くらい，
簡易型はこれより劣る．
表 示 桁 数：3 1/2 ～ 7 1/2
応 答 時 間：数 10 ms ～ 数 100 ms
コモンモード除去比：微小電圧，電流の測定には大切で，160 dB くらい．
出 力 端 子：測定値のディジタル出力としての GP-IB や BCD 端子やアナログ出力端子の有無

5.6 高電圧の測定

商用周波数の高電圧の測定では，電圧を印加された静電容量の電極間に働く吸引力を利用して指針を駆動する**静電電圧計**が用いられ，500 kV 程度の電圧が測定できる．しかし，分流・分圧抵抗器の製作は困難であるから，その代わりに計器用変成器を用いる．これは理想変成器で，1 次側の電圧に比例した電圧を 2 次側に取り出すものを**電圧変成器**（potential transformer），1 次側電流に比例した 2 次電流を得るものを**電流変成器**（current transformer）という．電圧計，電流計は 2 次側に接続される．

大電流の測定には，**ホール素子**を用いる方法がある．これは，電流を直接測定するのではなく，電流の発生する磁束密度をホール素子でホール電圧 V_h として検出し，次式の関係で電流を求める．

$$V_h = (R_h I/t) B \tag{5.12}$$

ここで，R_h はホール定数，I は素子に流れている電流，t は素子の厚み，B は素子を貫く磁束密度である（ホール素子については電力の測定参照）．

練 習 問 題

[1] 図5.3の電圧測定について,電圧計を接続しないときの電圧と接続したときの電圧との比を求めよ.
[2] 図5.6の電圧プローブの入力インピーダンスを求めよ.ただし,プローブの出力には,入力電圧のピーク値のときにだけ抵抗Rに電流が流れるとする.
[3] ディジタル電圧計で,電圧測定をするとき考慮しなければならないことは何か.
[4] 電子電圧計でひずみ波形の電圧を測定するときに注意すべき点は何か.
[5] 正弦波と方形波について,波形率,波高率を求めよ.
[6] 臨界制動状態 ($\alpha=\omega_0$) の指示型計器の応答 $\theta=\theta_0\{1-(1+\alpha t)e^{-\alpha t}\}$ を式 (5.9) から導け.

6 インピーダンスの計測

6.1 抵抗の測定

測定とは，測定対象と測定するものとの相互作用であるから，測定にともなって測定対象を乱すことになる．正確な測定をするためには，測定するものの測定対象への影響が最も少なくなるようにしなければならない．ある回路素子の直流における抵抗は，その素子の両端子の電圧とそこに流れる電流の比であるから，電流計の内部抵抗を零に，電圧計の内部抵抗を無限大にすれば正確な抵抗が求められることになる．しかし，実際には計測器の内部抵抗を零にしたり，無限大にすることは実現が困難なので，電子回路技術，回路技術を用いて理想に近い測定回路や測定器を実現している．

6.1.1 数字式抵抗計による抵抗の測定

未知抵抗の端子電圧と電流測定により抵抗を求める方法は，計器の接続法で図6.1のように二つの方法がある．いずれの場合も，電圧計の内部抵抗を無限

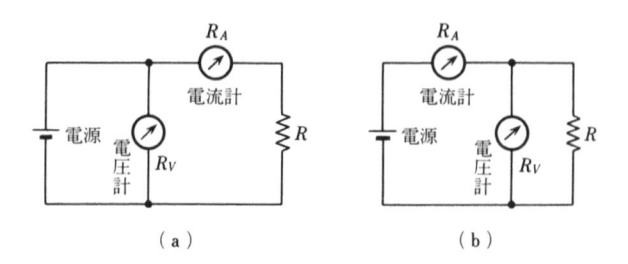

図 6.1 電圧計と電流計による抵抗測定

大，電流計の内部抵抗を零にすれば正確な抵抗が求められるが，これは理想条件である．実際には，それぞれの計器の内部抵抗を予め知って，測定値に補正を加えて抵抗を求めている．

電子回路を用いれば，理想に近い測定回路が実現できる．図 6.2 に示す **2 端子抵抗測定法**では，定電流源から導線抵抗 R_{11}, R_{12} を通じて測定抵抗 R_x に電流 I_i を流す．電源の端子電圧 V_0 を電界効果トランジスタを用いた高入力抵抗を持つ演算増幅器などで増幅する．求められた端子電圧 V_0 と定電流 I_i の比から測定抵抗が求められる．

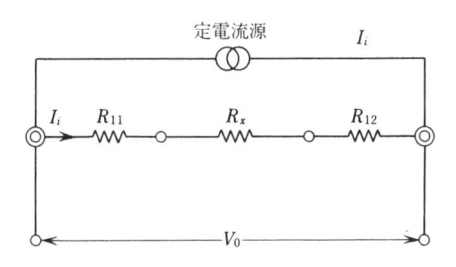

図 6.2 2 端子法による抵抗の測定

この方法では，測定抵抗値が mΩ 程度になってくると導線の抵抗，接触抵抗が無視できなくなり，導線から抵抗に流入する電流にも乱れがあるので，正確な抵抗値の測定が困難になる．これらの影響を除去するためには，図 6.3 のような **4 端子測定法**を用いる．この方法では，定電流源に測定抵抗を接続し，電圧端子を設けて抵抗による電圧降下を高入力抵抗の演算増幅器に加えて測定す

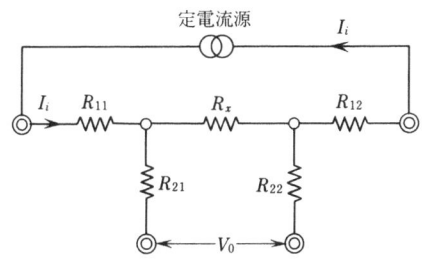

図 6.3 4 端子法による抵抗測定

る．抵抗器の両端の電圧降下を測定しているので，定電流源に接続された導線の抵抗は測定値に無関係になる．高入力抵抗の演算増幅器で電圧降下を測定しているので，電圧測定用の導線の抵抗も無視できる．**ディジタルマルチメータ**(DMM)による抵抗測定では，このような測定をしており，測定器内に定電流源と電圧測定用の増幅器，アナログ・ディジタル変換器を備えている(第5章 電圧と電流の測定参照)．測定抵抗値は $10^{-6}\Omega \sim 10^{16}\Omega$ まで測定可能で，分解能 $1\mu\Omega$ 程度である．

回路試験器 (circuit tester) いわゆる**テスタ**は，電圧，電流，抵抗を測定するアナログ方式の簡易測定器であるが，ディジタルマルチメータを簡略化したディジタル方式の回路試験器が取って代わりつつある．

6.1.2 ブリッジによる抵抗測定
(1) ホイートストーンブリッジ

有限の内部抵抗を持つ電圧計で正確な抵抗測定をする方法に零位法を用いるブリッジがある．図6.4は，**ホイートストーンブリッジ** (Wheatstone bridge) を示す．未知抵抗 R_x を測定するには，$R_1 \sim R_3$ を加減して検流計 G に電流が流れない状態をつくる．この状態をブリッジの**平衡**(balance)という．このとき，検流計 G の両端の電位が等しいので，式 (6.1) が成り立つ．

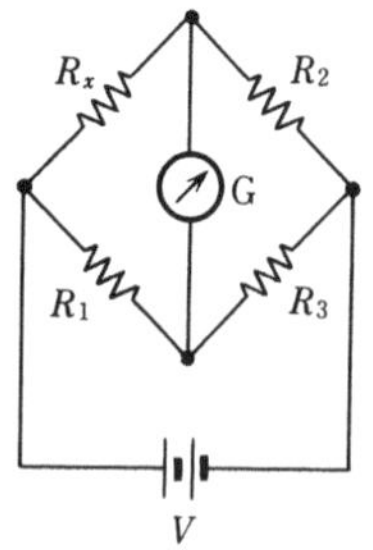

$$R_1 \cdot R_2 = R_3 \cdot R_x \tag{6.1}$$

図 6.4 ホイートストーンブリッジ

したがって，未知抵抗は式 (6.2) となる．

$$R_x = \frac{R_1 \cdot R_2}{R_3} \tag{6.2}$$

実際のブリッジでは，測定回路から駆動用の電流をとる受動型の検流計は余り用いられず，増幅回路と検流計を組み合わせた**エレクトロニック検流計**が用いられる．電圧感度は $0.2\,\mu\mathrm{V}/$目盛，電流感度 $0.2\,\mathrm{nA}/$目盛程度で，受動型検流計とは違って計器の応答が測定回路の抵抗と無関係なので応答が速い，圧縮回

路の使用で広い**ダイナミックレンジ**が得られる，入力抵抗を大きくできるなどの特徴がある．ブリッジの測定可能抵抗範囲は，最高分解能 $10\,\mu\Omega$ で $0.1\sim 100$ MΩ である．

（2） ダブルブリッジ

数 mΩ 以下の抵抗を測定するには，導線の抵抗，接触抵抗などを考慮しなければならないので，4端子測定法が用いられる．ダブルブリッジは導線の影響をのぞいて，被測定抵抗値が測定できる．図 6.5 は**ケルビンダブルブリッジ**(Kelvin double bridge) を示す．導線の抵抗は R_6 と R_7 に含まれ，測定抵抗 R_x のみが R_5 と R_2 に接続される．ブリッジが平衡したとき，抵抗 R_4, R_5, R_6 は C,D 端子を電源端子としたブリッジを構成している．このとき B 端子と抵抗 R_6 のある点との間には電位差が零になる平衡点が存在している．これを図のように R_{61} と R_{62} で表す．抵抗に $R_2/R_1 = R_5/R_4$ を設定し，ブリッジの平衡式を導くと測定抵抗は式 (6.3) になり，導線の抵抗は含まれない．

$$R_x = \frac{R_2}{R_1} R_3 \qquad (6.3)$$

この測定器では，測定範囲 $0.1\,\text{m}\Omega \sim 100\,\Omega$ を有効数字 5 桁で測定できる．

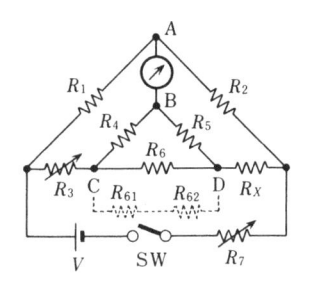

図 6.5 ケルビンダブルブリッジ

6.1.3 高抵抗の測定

（1） 絶縁材料の抵抗測定

抵抗値が高くなると電圧を印加し，そこに流れる電流を測定して抵抗値を求

める方法では，電流が微少になるため測定が困難になる．そこで，試料となる絶縁材料を薄くする，電極面積を大きくするなどして抵抗を下げる．

絶縁材料を2枚の電極で挟み，直流電圧を加えると時間の関数で変化する**誘電体吸収電流**と絶縁抵抗による一定値の電流との和の電流が流れる．吸収電流は，印加電圧，温度，湿度などによって変化するので，測定条件を一定にしておく必要がある．図6.6は，絶縁材料の体積抵抗の測定回路を示す．円板電極1，円板電極2，円環電極とは同心円になっている．円板電極1から絶縁材料の表面を電流が流れ円板電極2に流入すると，正確な抵抗が測定できなくなるので，円環電極を設けて表面からの漏れ電流が円板電極2に流入するのを防ぐ．まず，スイッチSWを1に入れて，絶縁材料に蓄積している電荷を放電する．このとき流れる電流が，測定の際のノイズレベルとなる．つぎにスイッチを2にいれ，電圧を加えると，急激に流入した電流が指数関数的に減少する．印加電圧Vと微小電流計に流れる電流Iから抵抗を求める．抵抗測定が終われば，スイッチを1に入れて電荷を放電させる．

微小電流計の内部抵抗が無視できて，円板電極2の直径をD，絶縁材料の厚みをtとすると，体積抵抗率ρは式（6.4）で与えられる．

$$\rho = \frac{\pi D^2}{4t} \frac{V}{I} \tag{6.4}$$

ディジタルマルチメータ方式の電流計では10^{-14}A程度の測定が可能で，抵抗は10^{16}Ωくらいまで測定可能である．

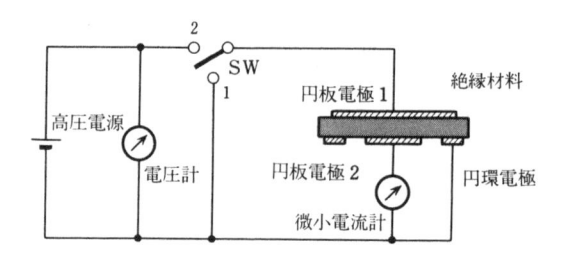

図 6.6 絶縁材料の体積抵抗の測定

(2) 絶縁抵抗計

電子機器，電気機器は保安上の観点から，絶縁抵抗を定期的に測定しておく必要がある．絶縁材料は電圧を印加すると吸収電流が流れるので，規定の電圧を加えて機器の絶縁抵抗を測定する．電源としては，手動発電機，電子式高電圧発生機などがある．図 6.7 は電子式絶縁抵抗計を示す．電池から基準電圧を発生する．一方，電池で方形波発振器を発振させ，その出力電圧を整流器で直流に整流する．直流電圧を電子機器，電気機器に加える．その一部は，分圧器に加えられ比較器で基準電圧と比較され，規定の電圧を発生するために，方形波発振器の流通角を制御する．電子機器，電気機器を流れた電流は，電圧に変換され A/D 変換器に入り，演算操作を受け，表示器に絶縁抵抗として表示される．

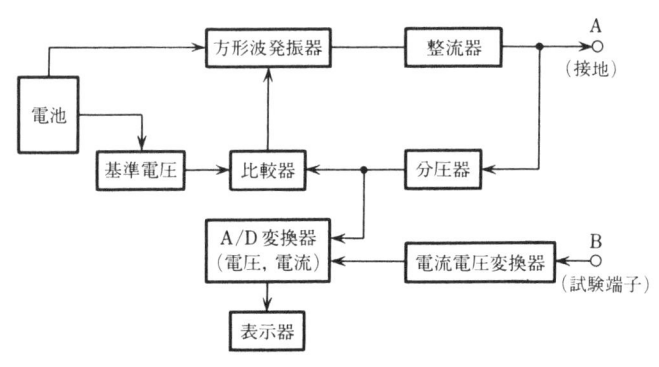

図 6.7 電子式絶縁抵抗計

(3) 接地抵抗の測定

電子機器，電気設備には接地が必要である．大地は電解質のような性質を持っているので，分極作用を避けるために接地抵抗測定には交流を使用する．図 6.8 は，接地抵抗を測定する回路である．接地電極と他の二つの電極とは，互いに 10 m くらい離しておく．可搬にするための電子式交流電源から電極 A と接地電極 E との間に電流 I_1 が流れる．変流比を k とすると，電流トランスに $I_2 = kI_1$ の電流が流れる．すべり抵抗器を調節して，平衡をとり $V_1 = V_2$ とする．R を接

地電極の接地抵抗とすると，I_1 による電位降下とすべり抵抗の電位降下が等しいから，式 (6.5) が成立し，接地抵抗 R が求められる．

$$I_1 R = kr I_1 \quad \therefore \quad R = kr \tag{6.5}$$

6.1.4 交流ブリッジ

交流のブリッジは，図 6.9 に示すようにブリッジを構成する $Z_1 \sim Z_4$ の 4 個のアドミッタンスと検流計，電源からなる点では，直流のホイートストーンブリッジと変わらない．

このブリッジの平衡条件は，式 (6.6) で表される．

$$Z_1 Z_3 = Z_2 Z_4 \tag{6.6}$$

今，ブリッジを構成するインピーダンスの位相角を θ_n で表すと，インピーダンスと位相角の間には式 (6.7) が同時に成り立たなければならない．

$$|Z_1 Z_3| \angle (\theta_1 + \theta_3) = |Z_2 Z_4| \angle (\theta_2 + \theta_4)$$

$$\therefore \quad |Z_1 Z_3| = |Z_2 Z_4|, \quad \angle (\theta_1 + \theta_3) = \angle (\theta_2 + \theta_4) \tag{6.7}$$

交流ブリッジでは，残留インピーダンスがあるとブリッジ電源の基本波とその高調波ではインピーダンスが異なるので，上記の条件を満足しなくなりブリッジは平衡しない．ブリッジの平衡が困難になる原因としては，ブリッジ構成各

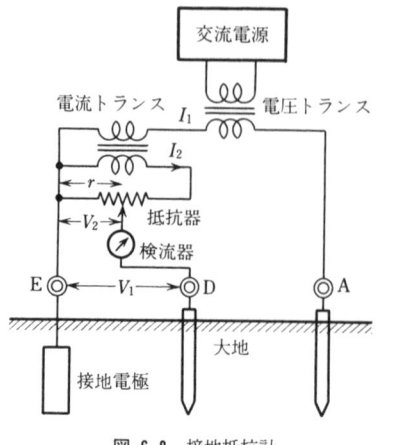

図 6.8 接地抵抗計

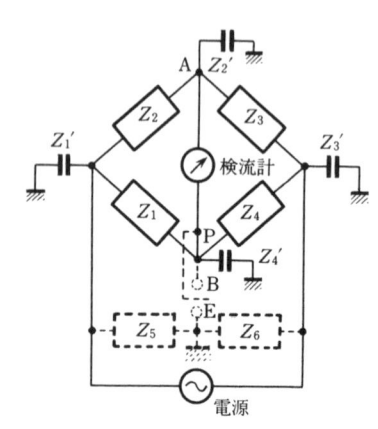

図 6.9 交流ブリッジ

素子の対地容量や相互結合が異なる，ブリッジの接地点の選択，抵抗を流れる電流とリアクタンスを流れる電流の位相の平衡を取らなければならない，電磁誘導による不要電圧の発生などである．

　残留インピーダンスを少なくするためにブリッジを静電遮蔽する．そのときの残留インピーダンスを図の集中インピーダンス $Z_1' \sim Z_4'$ で示す．今ブリッジにスイッチとインピーダンス Z_5, Z_6 を取り付け，ブリッジの平衡をとる．スイッチをB側にいれても，E側に入れても平衡がとれたときには，A, B点は大地電位になっており，Z_1', Z_3' はそれぞれ，Z_5, Z_6 に含めて平衡をとったことになるので，平衡条件に対地インピーダンスは含まれないことになる．このような接地法を**ワグナー接地**（Wagner earthing）という．

　交流ブリッジには多くの種類がある．そのうちのいくつかを，平衡条件とともに図6.10に示す．平衡条件には，周波数の関数になるものとそうでないもの

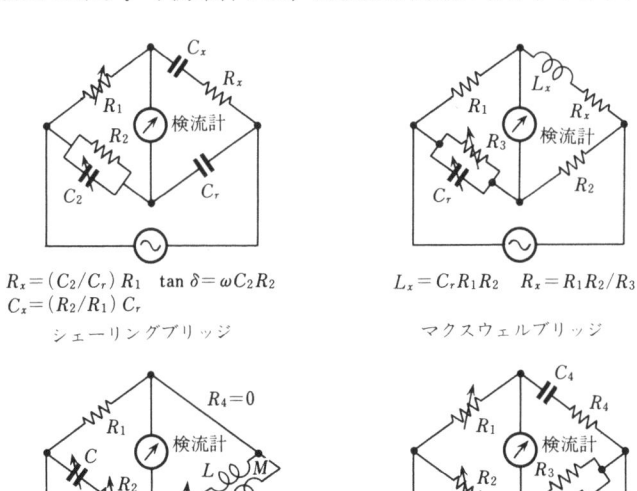

$R_x = (C_2/C_r) R_1 \quad \tan \delta = \omega C_2 R_2$
$C_x = (R_2/R_1) C_r$
シェーリングブリッジ

$L_x = C_r R_1 R_2 \quad R_x = R_1 R_2 / R_3$
マクスウェルブリッジ

$M = CR_1 R_3 \quad L = C(R_1 R_3 + R_2 R_3)$
ただし $L > M$ であること
ケーリ・フォスタブリッジ

$R_3 = (R_2/R_1)(R_4 + (1/\omega^2 R^4 C_4^2))$
$C_3 = (R_1/R_2)(1/(1 + \omega^2 R_4^2 C_4^2))$
ウィーンブリッジ

図 **6.10** いくつかの交流ブリッジ

とがある．**マクスウエル** (Maxwell) ブリッジは自己インダクタンスの測定に，**ケリー・フォスター** (Carey-Foster) ブリッジは相互インダクタンスの測定に，**シェーリング**（Schering）ブリッジは低損失の静電容量の損失，容量測定に用いられる．**ウイーン**（Wien）ブリッジは，静電容量と抵抗の並列アーム（arm）あるいは並列アームを測定素子とすれば，それに対応した素子定数が測定できる．このほかに，ウイーンブリッジは，検流計を取り除きその端子を増幅器の入力に接続し，ブリッジ電源を取り除きその端子に増幅器出力を接続すればウイーンブリッジ発振器として知られている可聴周波数帯からそれ以上の周波数帯の正弦波発振器となる．発振器の場合には，$C_3=C_4=C$，$R_3=R_4=R$ にして用いる．

6.1.5　LCRメータ

商用周波数から数 kHz までの抵抗，インダクタンス，静電容量は，手動調整のブリッジで測定できるが，**自動平衡ブリッジ**である **LCR メータ**で自動測定可能である．これは，図 6.11 に示す変成器ブリッジを基本として，電子化して自動平衡ブリッジとしたものである．変成器ブリッジでは，端子 ab 間の電圧は bc 間の電圧と 180°位相が違っている．G_r, C_r は標準素子，G_x, C_x は測定素子のコンダクタンス，静電容量である．これらがそれぞれ等しいとき，ブリッジは平衡する．図 6.12 の自動平衡ブリッジは，標準素子のコンダクタンス，静電容量に加わる電圧を分離して自動調整するようにしたものである．ブリッジの動作について説明する．試験交流電圧が符号変換器に加えられ位相が反転してその

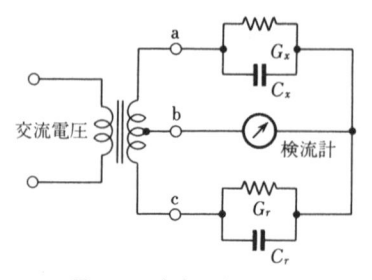

図 6.11　変成器ブリッジ

出力が，測定素子に加わる．一方，それぞれの標準素子にも電圧が加わり，それらの出力が，増幅器入力に加えられる．その出力は，同期整流により，コンダクタンス分に相当する0°成分とリアクタンス分に相当する90°成分に分離されて検出される．各出力は積分されて，自動利得制御用帰還電圧となり増幅器の利得を制御して，ブリッジを平衡させる．帰還電圧がコンダクタンス，リアクタンス分に比例するので，コンダクタンス，静電容量としてディジタル表示される．積分器は，機械的に利得調整をするのと同じ伝達関数を電気的に実現するために挿入してある．利得調整や同期整流は掛け算器で実現できる．

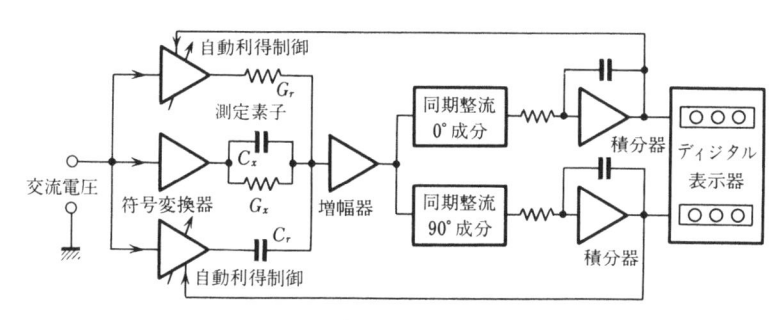

図 6.12 自動平衡ブリッジの構成

6.2 高周波におけるインピーダンスの測定

抵抗，インダクタンスまたは静電容量のみをもつ回路部品は集中定数部品とよばれ，理想上の部品であって，現実にはある条件のもとでのみ抵抗，インダクタンスあるいは静電容量として取り扱える．すなわち，回路部品に伝送される信号の波長に比べて部品の寸法が数倍程度以下の大きさになってきたときには，全ての回路部品はこれらの回路定数を合わせ持つ分布定数部品として取り扱わなければならない．周波数にして，数 10 MHz 以下の周波数では，回路部品は集中定数回路としてみなしてよいが，それ以上の周波数では分布定数回路として取り扱わなければならない．抵抗については，周波数が高くなるに従っ

て，電流の**表皮効果**のために抵抗が増加する．

高周波伝送線路には，平行線，同軸ケーブル，導波管などがある．ここでは，平行線路を例にとって伝送線の特性について説明する．

6.2.1 平行線路の特性

信号源から負荷 Z_r に向かって伝搬する線路上の電圧 V と電流 I は式 (6.8) で表される．

$$\frac{dV}{dx} = (R+j\omega L)I = ZI, \quad \frac{dI}{dx} = (G+j\omega C)V = YV \quad (6.8)$$

ここで，V, I は受電端から x の距離の点の電圧，電流；R, L, G, C は線路の単位長当たりの抵抗，インダクタンス，コンダクタンス，静電容量；Z は線路の単位長当たりのインピーダンス，Y は単位長当たりの並列アドミタンス，ω は伝搬信号の角周波数である．式 (6.8) を微分して相互に代入すると式 (6.9) となる．

$$\frac{d^2V}{dx^2} = ZYV, \quad \frac{d^2I}{dx^2} = ZYI \quad (6.9)$$

式 (6.9) の解は次式で与えられる．

$$V = V_1 e^{\gamma x} + V_2 e^{-\gamma x}, \quad I = I_1 e^{\gamma x} + I_2 e^{-\gamma x} \quad (6.10)$$

ここで，$\gamma \equiv (ZY)^{1/2} = \alpha + j\beta$ で，γ は伝般定数，α は減衰定数，β は位相定数である．V_1, V_2, I_1, I_2 は積分定数で，受電端の電圧，電流，負荷インピーダンスをそれぞれ V_r, I_r, Z_r とすると積分定数は次式で与えられる．

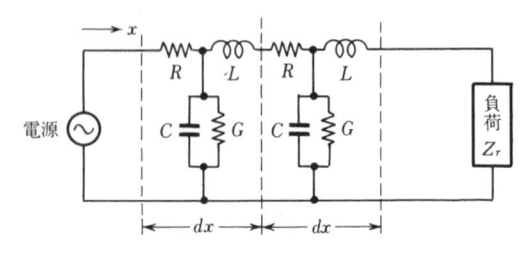

図 6.13 平行伝送線

6.2 高周波におけるインピーダンスの測定

$$V_1 = \frac{V_r + I_r Z_0}{2}, \quad V_2 = \frac{V_r - I_r Z_0}{2}$$

$$I_1 = \frac{V_1}{Z_0}, \quad I_2 = -\frac{V_2}{Z_0} \tag{6.11}$$

$Z_0 \equiv (Z/Y)^{1/2}$ は線路の特性インピーダンスと呼ばれる.

負荷から電源に向かう反射電圧と電源から負荷に向かう入射電圧の比を反射係数 Γ といい，式 (6.10)，(6.11) から次式で与えられる.

$$\Gamma = \frac{V_2}{V_1} e^{-2rx} = \frac{V_r - I_r Z_0}{V_r + I_r Z_0} e^{-2rx} \tag{6.12}$$

受電端における反射係数 Γ_0 は，式 (6.12) で $x=0$ とおけば次式で表される.

$$\Gamma_0 = \frac{V_r - I_r Z_0}{V_r + I_r Z_0} = \frac{Z_r - Z_0}{Z_r + Z_0} \tag{6.13}$$

線路上の最大電圧 $V_{\max}$ と最小電圧 $V_{\min}$ の比を電圧定在波比 ρ といい，式 (6.14) で与えられる.

$$\rho = \frac{|V_{\max}|}{|V_{\min}|} = \frac{|V_1| + |V_2|}{|V_1| - |V_2|} = \frac{1 + |\Gamma|}{1 - |\Gamma|} \tag{6.14}$$

したがって，反射係数 Γ は定在波比 ρ で表せる.

$$|\Gamma| = \frac{\rho - 1}{\rho + 1} \tag{6.15}$$

線路上で電圧最大の点では電流は最小になり，電流の最大点では電圧は最小になるので，最大インピーダンス $Z_{\max}$ と最小インピーダンス $Z_{\min}$ は次式で与えられる.

$$Z_{\max} = \frac{V_{\max}}{I_{\min}} = Z_0 \frac{1 + |\Gamma|}{1 - |\Gamma|} = \rho Z_0$$

$$Z_{\min} = \frac{V_{\min}}{I_{\max}} = Z_0 \frac{1 - |\Gamma|}{1 + |\Gamma|} = \frac{Z_0}{\rho} \tag{6.16}$$

線路上の任意の点のインピーダンス Z は，式 (6.10) の電圧と電流の比であるから次式で表される.

$$Z = Z_0 \frac{1 + \Gamma_0 e^{-2rx}}{1 - \Gamma_0 e^{-2rx}} \tag{6.17}$$

電圧最小点のインピーダンスは式（6.18）で与えられる．

$$Z = Z_0 \frac{1-|\varGamma|}{1+|\varGamma|} = \frac{Z_0}{\rho} \qquad (6.18)$$

任意点のインピーダンスは，反射係数あるいは電圧定在波比が測定できれば，式（6.17）から求められる．短い線路では$\alpha=0$として，負荷のインピーダンスは式（6.17）と（6.18）を用い，負荷から電圧最小点までの距離を代入して求められる．位相定数βは，線路上の同じ電圧の点間の距離は伝搬信号の波長λに相当し，位相が2π回転したことになるから$\beta=2\pi/\lambda$となる．

6.2.2 スミス図表

任意点のインピーダンスZ（式（6.17））を特性インピーダンスZ_0で規格化し規格化抵抗分rとリアクタンス分xで表すと

$$Z/Z_0 = r + jx \qquad (6.19)$$

となる．また，反射係数$\varGamma$を実部pと虚部qに分けて表すと

$$\varGamma = p + jq \qquad (6.20)$$

となる．式（6.17）は反射係数と任意点のインピーダンスを表すから，これを用いてr,x,p,qの関係を表すと次式が得られる．

$$\left(p - \frac{r}{r+1}\right)^2 + q^2 = \frac{1}{(r+1)^2},$$
$$(p-1)^2 + \left(q - \frac{1}{x}\right)^2 = \frac{1}{x^2} \qquad (6.21)$$

これは，r,j平面をp,q平面に写像したことになっている．この関係を表したのが，図6.14で**スミス図表**と呼ばれている．図6.15のスミス図表では，

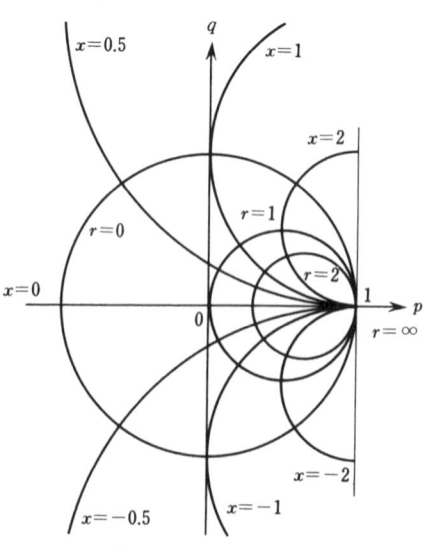

図 6.14 スミス図表の原理

6.2 高周波におけるインピーダンスの測定

$(p,q)=(0,0)$ を中心にした等位相線が $r=0$, $(p,q)=(0,0)$ を動径として，x/λ で規格化した目盛が $r=0$ から1回転で 0.5 となるように打たれている．右回りは電源方向であり，左回りは負荷方向である．$(p,q)=(0,0)$ を中心にして，p 軸上で等反射係数（等電圧定在波比）の円が読み取れるようになっている．

[**例　題**] 特性インピーダンス 50 Ω の無損失線路に接続された未知インピーダンスを求める方法について述べる．電圧定在波比を測定したところ，$\rho=4$ で負荷から電圧最小点までの距離が $x=0.3\lambda$ であったとする．

[**解答**]　（図 6.15 参照）電圧最小点は抵抗分のみであるから

$$Z = Z_0(1/\rho + j0)$$

である．$\rho=4$ を代入すると，$Z/Z_0 = 0.25 + j0$, したがって $(p,q)=(0,0)$ の点，$r=1$ の点から $r=0.25$ までの長さを半径とする円を描く．この円は，電圧定在波比一定の円でもある（∵ $\rho=1/r$）．p 軸（$x=0$）から反時計方向に 0.3λ

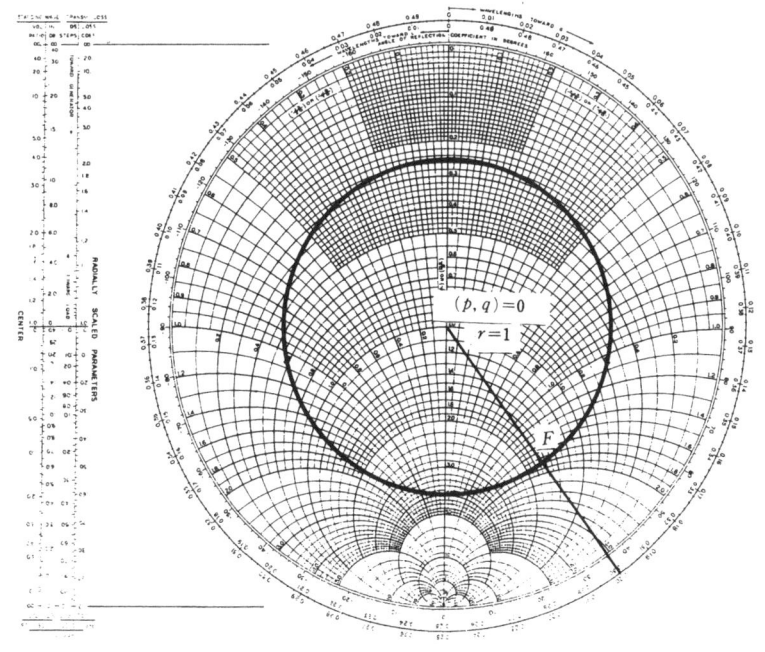

図 6.15　スミス図表

だけ回転した動径と定在波円とが交わる点 F が求めるインピーダンスである．
$Z/Z_0 = 1.65 + j1.8$
特性インピーダンスが 50 Ω であるから，$Z = 50(1.65 + j1.8) = 82.5 + j90〔Ω〕$
となる（p.228 に図 6.15 の拡大図を掲載）．

6.2.3 S パラメータ

2 ポートの回路網の特性を表す方法には，Z パラメータ，Y パラメータ，h パラメータなどがある．しかし，高周波回路ではすでに述べたように線路上の位置によって電圧，電流が異なるので，集中定数回路として取り扱えない．2 ポート回路網を入，出力ポートでの入射波，反射波電圧を関連づけて表すパラメータに **S パラメータ** (scattering parameter) がある．図 6.16 の入，出力端での反射電圧 V_{r1}, V_{r2} は式 (6.22) で与えられる．

$$V_{r1} = S_{11} V_{i1} + S_{12} V_{i2}$$
$$V_{r2} = S_{21} V_{i1} + S_{22} V_{i2}$$
$$\begin{pmatrix} V_{r1} \\ V_{r2} \end{pmatrix} = \begin{pmatrix} S_{11} & S_{12} \\ S_{21} & S_{22} \end{pmatrix} \begin{pmatrix} V_{i1} \\ V_{i2} \end{pmatrix} \quad (6.22)$$

式 (6.22) の両辺の電圧を特性インピーダンスの平方根で割ると式 (6.23) が得られる．

$$a_1 = \frac{V_{i1}}{\sqrt{Z_0}}, \quad a_2 = \frac{V_{i2}}{\sqrt{Z_0}}, \quad b_1 = \frac{V_{r1}}{\sqrt{Z_0}}, \quad b_2 = \frac{V_{r2}}{\sqrt{Z_0}}, \quad (6.23)$$

式 (6.23) で (6.22) を表すと，式 (6.24) が得られる．

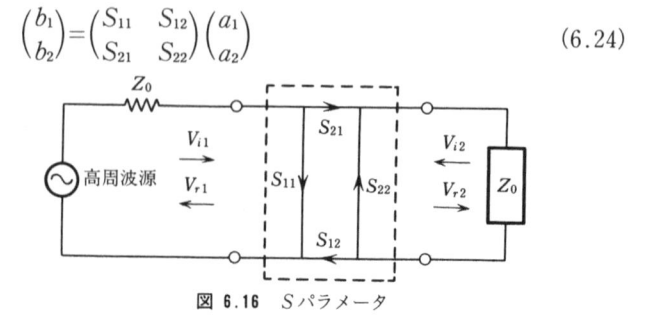

$$\begin{pmatrix} b_1 \\ b_2 \end{pmatrix} = \begin{pmatrix} S_{11} & S_{12} \\ S_{21} & S_{22} \end{pmatrix} \begin{pmatrix} a_1 \\ a_2 \end{pmatrix} \quad (6.24)$$

図 6.16 S パラメータ

これは，$a_1 \sim b_2$の2乗が電力の次元を持っていることから，電力で表した2ポートの入，出力の反射電力であるとも考えられる．出力端に特性インピーダンスを接続すると，負荷からの反射電圧V_{i2}は0となるので，S_{11}, S_{21}は

$$S_{11} = \frac{b_1}{a_1}, \ a_2 = 0 \ ; \ S_{21} = \frac{b_2}{a_1}, \ a_2 = 0 \tag{6.25}$$

となる．S_{22}, S_{12}は入力端に特性インピーダンスを接続して同様に求められる．

6.2.4 ネットワークアナライザ

伝送網，増幅器などの高周波特性を測定する機器に**ネットワークアナライザ**がある．図6.17にネットワークアナライザの構成を示す．信号源からの信号は，**パワースプリッタ**（power splitter）で分割され，一方は基準信号として，他方は試験信号として用いられる．試験信号は測定機器（**DUT**；device under test）に加えられる．いま測定機器が終端されているとすると，入力端で反射電圧が**方向性結合器**（directional coupler）から取り出され，混合器（ミキサ）に加えられる．ここで，両信号は局部発振器からの信号と混合され，中間周波となり振幅比，位相が測定される．振幅比は，反射係数に当たる量で，位相はその位相角を与える．したがって，6.2.1項で述べた，反射係数，電圧定在波比，負荷インピーダンスなどが求められることになる．実際には，電圧比は大きいので，

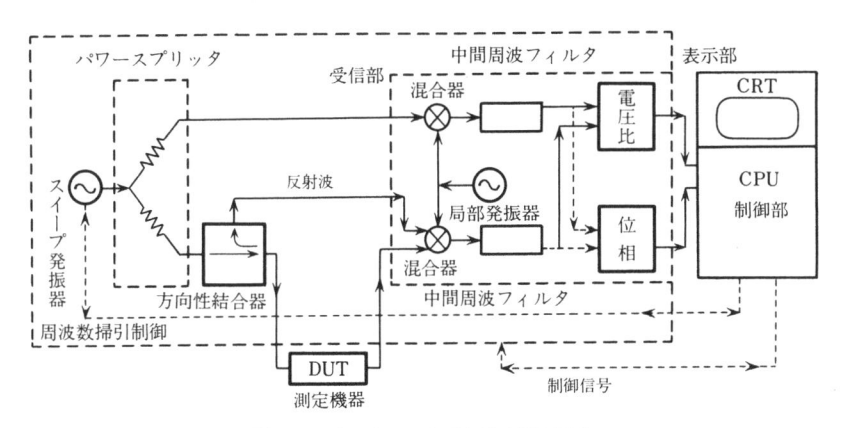

図 6.17 ネットワークアナライザの構成

対数増幅器を用い数式の演算，測定手順などは組み込みのコンピュータによって処理され，CRT の画面上にスミス図表や周波数・振幅特性などが表示され，そのグラフ上にインピーダンス特性や振幅周波数特性が表示される．通過型の測定機器の特性を測定するには，その機器の入，出力端子に方向性結合器を接続しそれぞれの端子で入射電圧，反射電圧とそれらの位相関係も測定すると，S パラメータを求めることができる．

ネットワークアナライザでは，反射係数 $|\Gamma_0|$ の対数をとって**リターンロス RL** を定義し，それを表示することもできる．

$$\text{リターンロス } RL = -20\log|\Gamma_0| \tag{6.26}$$

数 10 MHz の比較的低い周波数での電子部品，増幅器の回路定数，特性測定に用いられるネットワークアナライザは，測定信号の周波数を掃引し測定電子部品に加わる電圧と電流の位相を測定し，その周波数位相特性を持つ電気回路を仮定し，組み込みコンピュータにより測定値と一致するような定数値を繰り返し計算し，求めるようになっている．電子部品の Q 値も計算によって求められた定数から計算し表示される．増幅器の周波数利得特性，位相特性は増幅器の入出力の電圧比，位相差を測定して CRT のグラフに表示する．

一般に用いられているネットワークアナライザは，数 100 kHz～20 GHz までの周波数帯の特性の測定が可能である．

練習問題

[1] $\alpha=0$ の線路で，電圧最大の点では電流が最小で，電圧と電流が同位相であることを示せ．
[2] 直流ブリッジの平衡はとれるのに，交流ブリッジの精密な平衡はとりにくい理由を説明せよ．
[3] LCR メータの動作原理を説明せよ．
[4] S_{22}, S_{21} を求めよ．
[5] 伝送線路の位相定数 β は $\beta=2\pi/\lambda$ であることを示せ．

7 周波数と位相の測定

7.1 精密周波数源とその周波数安定度

　周波数の測定では，測定周波数や周期を標準となる精密周波数源の周波数や周期と比較するのが普通である．精密周波数源には，**ビーム型セシウム原子発振器**のほかに**水素メーザ，ガスセル型ルビジウム原子発振器，水晶発振器**およびこれらを周波数源とする**周波数シンセサイザ**がある．発振周波数の安定性の尺度である発振周波数安定度は，発振器の動作原理によって異なる．図7.1は，商品として現用されている精密周波数源の発振周波数の安定度特性を示す．周波数測定時間（平均化時間）τが1秒以下の短期間では，水晶発振器の周波数安定度が最も良く，次いで水素メーザ，ビーム型セシウム原子発振器，ガスセル型ルビジウム原子発振器の順に悪くなっている．100sより長い平均化時間での

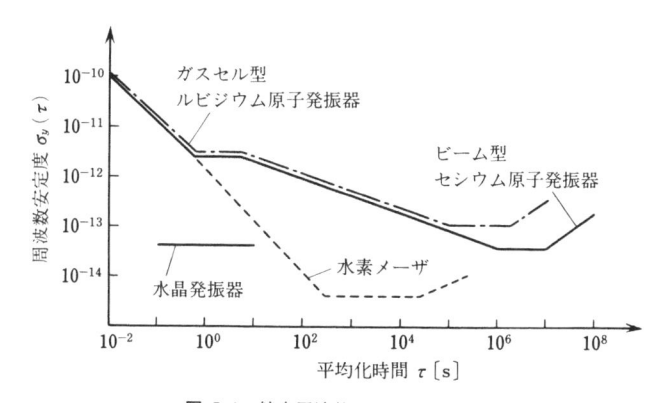

図 7.1　精密周波数源の周波数安定度

周波数安定度は，水晶発振器のそれが最も悪い．これは，水晶発振器には10^{-8}/年程度の大きな発振周波数の経時変化があるためである．

　周波数測定は，周波数の安定な発振器を周波数あるいは時刻の基準として測定周波数を比較測定するものであるから，常に基準とする発振器を標準電波の周波数で比較校正しておかなければならない．幸い，周波数基準は，標準周波数・時刻放送として放送されているので，この放送を受信し，波の干渉技術を用いて10^{-11}にも及ぶ精度で，いながらにして国家標準と比較校正することができる．周波数は，干渉技術を用いて比較測定しているので，質量，温度など基本物理量の測定の中でも現在最高の測定精度を保っている．

7.2　周波数カウンタ

　周波数計測器には，測定周波数帯によって種々の機器がある．その一つは**吸収型周波数計**で，これは測定回路から発生する電磁界による誘導を利用してLC共振回路に電圧を誘起させ，可変静電容量を変化させて共振電圧の最大値を検出し，そのときの同調容量から逆に共振周波数を求める計器で，数10 MHzまでの周波数が測定できる．マイクロ波帯の吸収型波長計には，空洞共振器が用いられ，空洞内部の端板の位置を変化させ共振電圧を検出し，そのときの共振長から測定周波数を求める．これらは，測定回路から電気エネルギーをとること，測定精度が低いことなどから，新しい測定器にとって代わられている．また，kHz以下の周波数では，測定信号をパルス列に変換して，整流しその電圧を指示させるアナログ式の周波計もある．

　ディジタル技術が発達したので，現在では，測定周波数をディジタル回路で直接計数し，周波数あるいは周期をディジタル量として表示する**ディジタルエレクトロニック周波数カウンタ** (digital electronic frequency counter) が用いられている．これは，略して**周波数カウンタ**とよばれている．

　図7.2に，周波数カウンタのブロック図を示す．この動作について説明する．内蔵発振器はタイムベースあるいはクロックとも呼ばれ，周波数安定度5×10^{-10}/

7.2 周波数カウンタ

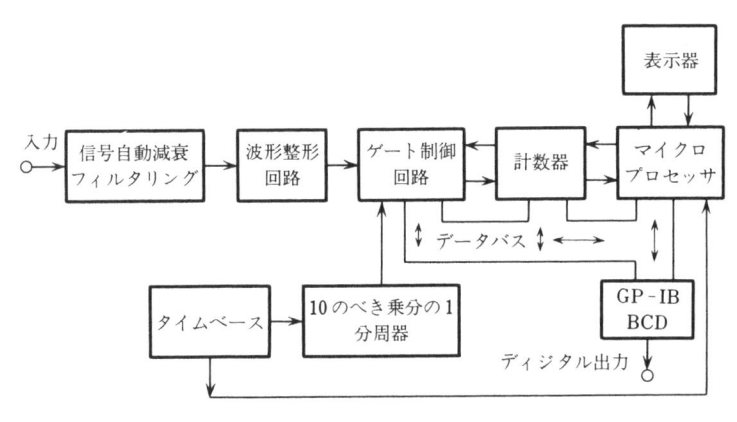

図 7.2 周波数カウンタの構成

日程度の高安定水晶発振器で周波数・周期計測の基準となる5, 10 MHz などの精密周波数源である．さらに安定度の高い発振器がタイムベースに必要なときには内蔵発振器の代わりに，外部から原子発振器の周波数を周波数カウンタに供給して用いることもできるようになっているのが普通である．

測定信号の波形はさまざまであるから，そのままでは計数回路で計数することはできない．そこで，測定入力信号は，信号自動減衰器に入力され適当に増幅・減衰されたのち，**シュミット回路**を用いた波形整形回路でパルス列に変換される．パルス列は，ゲート制御回路に入る．ゲート制御回路は，計数器へ送られるパルス列の開閉を行う回路である．タイムベースの出力周波数を$1/10^n$ ($n=0,1,2,3,\cdots$) に分周したパルスで開閉の時間を制御する．このパルスを**クロックパルス**という．ゲート回路を出た測定パルス列は計数器で計数される．計数回路は，集積回路などからなるフリップ・フロップなどの2進計数回路で構成されている．これらの一連の操作は，マイクロプロセッサで制御されている．計数結果は，マイクロプロセッサに取り込まれ，**2進数**を**10進数**に変換したのち液晶・発光ダイオードなどの表示器で表示される．2進数出力は，2進化**10進符号**(BCD；binary coded decimal)で出力される．測定結果のデータ処理，周波数カウンタのリモートコントロールなどを考慮して GP-IB(general purpose

-interface bus) 出力端子を備えている．内蔵発振器のクロックパルスは，マイクロプロセッサのクロックとしても供給され，ゲート回路の開閉時間の制御，表示器の表示時間制御，計数器のリセットなどの制御に役立てられる．

周波数カウンタの波形整形回路を動作させうる最低電圧が，周波数カウンタの感度で，この値が小さいほどよい．波形整形回路にはヒステリシス特性があり，この特性が二つのパルス列を識別する限界を与え，測定周波数の一方の上限になる．計数には，2進数回路を用いるので2進計数回路の計数可能上限周波数が，周波数カウンタの直接計数可能上限周波数を決定する．

周波数カウンタには，計数の方式に起因する本質的な**±1カウント誤差**がある．これは，図7.3のように（a）および（b）同一周波数の2入力パルスがあった場合，測定周波数のパルス列とゲートの開閉時間とのタイミングがずれるために発生する計数値が1だけ異なる現象をいう．この誤差の低減を図るために，計数回路にタイミング差を拡大するアナログ回路を併用して，タイミング差を補間測定するなど種々の考案が加えられている．しかし，ゲートの開閉によりパルス列を計数する現在の方式では，この誤差を0にすることはできない．これが周波数カウンタの最も大きな誤差である．タイムベースの周波数が不安定なときは，ゲートの開閉時間やタイムベースが発生するパルス列の時間が，変化し誤差となる．また，ゲートを開閉させる電圧やゲートそのものの開閉動作電圧がゆらいだときにも誤差が生ずる．入力信号にそれより高い周波数の信号が重畳しているときには，波形整形回路は，重畳した信号で動作するのでその出力のパルス列はゆらぎ，**トリガ誤差**と呼ばれる誤差となるので，予めフィル

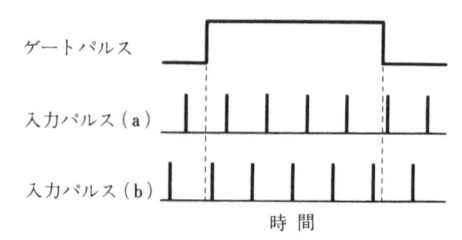

図 7.3 ゲートの開閉と入力パルスのタイミングの違いによる±1カウント誤差

タにより信号に含まれる高調波分を除去するようにしている．これらの誤差の和が周波数計測の誤差となる．

周波数カウンタのゲートを開・閉する二つの外部信号を伝送する 2 本の線路の伝送時間に違いがあるときには，伝送線路の遅延時間差が加わった時間が開閉時間となり，系統誤差となる．これは，主として時間間隔測定のときに問題となる．表 7.1 に，周波数カウンタの性能の例を示す．

表 7.1 カウンタの特性例

エレクトロニック・カウンタ
測定周波数　5 μHz〜500 MHz　ゲート時間 100 ns〜1 000 s
時間間隔測定　10 ns〜2 0000 s
ユニバーサル・カウンタ
測定周波数　0〜100 MHz　　感度　実効電圧 25 mV　　周期測定 10 ns〜10^7 s
時間間隔　1 ns〜10^7s

7.3 周波数の測定

周波数カウンタの内蔵水晶発振器は，周囲温度変動による発振周波数の変動を少なくするために，振動子を恒温槽に収めている．そのため，周波数カウンタの使用の 1 時間ほど前に予め恒温槽のスイッチを投入して，恒温槽が設定温度になるようにしなければならない．

周波数カウンタのゲート回路をクロックパルスにより制御するようにして，入力端子に測定信号電圧を入力し，減衰器で適当な大きさに信号電圧を調節すると周波数が測定される．計数されたパルス数をゲート開閉時間で除すると，求める周波数になり，この演算をカウンタが行いその値を表示器で表示する．計数可能な入力感度は入力インピーダンス 50 Ω/1 MΩ で，実効電圧 25 mV くらいである．直接計数周波数は，波形整形回路と計数回路でその上限が限定され，現在では約 500 MHz である．さらに高い周波数を計測するには，測定信号と外部からの信号を 2 重平衡混合器に送り込み，2 信号の差周波数を測定するヘテロダイン法と置換法がある．これらの方法は，主として，マイクロ波帯の周波数計

測に用いられる．**ヘテロダイン** (heterodyne) 法は，図 7.4 に示すように，タイムベースあるいは外部高安定周波数源からの周波数 f_r と電圧制御発振器の出力周波数 Nf_r を位相検出器に入力し，電圧制御発振器の周波数を高安定周波数源にロック（lock）し，周波数を安定化する．この出力周波数と測定周波数を混合器で混合し，その差周波数 f_d を計測する．Nf_r と f_d との和が求める測定周波数となる．

置換法では，図 7.5 に示すように周波数測定系に位相ロックループが組み込まれ，測定周波数と電圧制御発振器の周波数との差周波数が，高安定発振器の周波数にロックされる．測定周波数は，電圧制御発振器の周波数で置き換えら

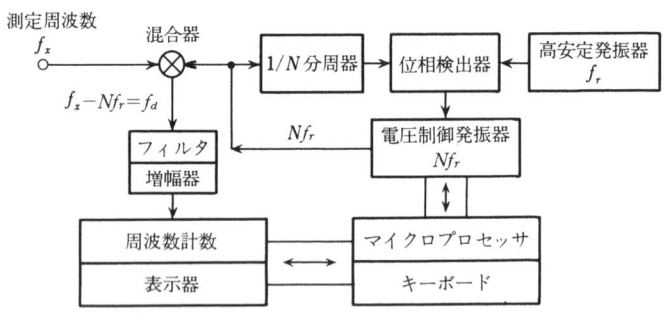

図 7.4 ヘテロダイン法による周波数測定

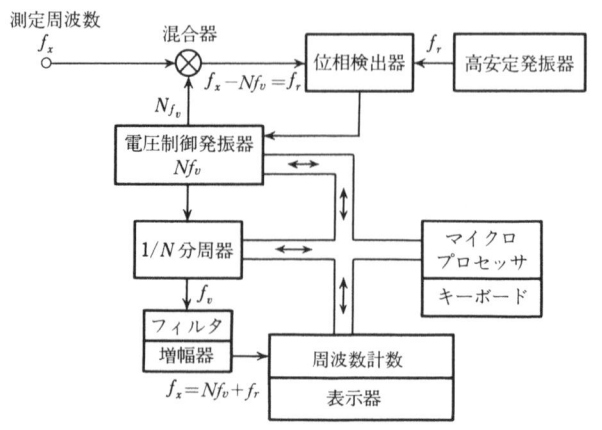

図 7.5 置換法による周波数測定法

れて測定される．

　実際の周波数カウンタでは，周波数変換を行う周波数コンバータユニットはカウンタ本体とは別になっていて，測定目的に応じて本体のプラグに挿入する方式になっており，内蔵マイクロプロセッサにより操作が自動化されている．この方式を用いると，感度-3 dBm で 110 GHz 程度までの周波数測定が可能である．

　測定周波数が，たとえば数 kHz 以下の低周波数になってくると，±1 カウント誤差が測定値に大きな影響を与えるようになる．このような場合には，測定周期を測定し，その逆数をとって周波数を求める．周期測定には，周波数測定とは逆に，測定周波数でゲートの開閉を制御し，クロックパルスを計数することにより周期を測定する．このときも，±1 カウント誤差が生じるので，クロックパルスが測定期間中安定とすれば，長い周期を測定すると測定誤差が小さくなる．

　周波数測定の場合の誤差と周期測定する場合の誤差が等しくなる周波数より低い周波数では，周期を測定しその逆数を自動的に計算して周波数を求め，それ以上の高い周波数では周波数を直接測定し表示する周波数カウンタもある．また計数操作の前に，分周器を用いて常に周期のみを計測してその逆数を演算操作により求め，周波数で表示するレシプロカル方式のカウンタもある．

　周期測定と同じ原理を用いて，二つの信号の周波数比を測定することができる．ゲート制御信号の代わりに周波数 f_a の信号でゲートを制御し，周波数 f_b の信号を測定周波数とする．このとき，表示器の計数値は f_b/f_a となり周波数比が測定される．周波数カウンタには，周波数比を測定するための二つの入力端子が設けられているものもある．

7.4　位相の測定

　二つの信号 A，B 間の位相差は，**リサージュ法**で測定できる．これは，ブラウン管オシロスコープの水平軸と垂直軸に二つの信号を入力し，ブラウン管面

に描かれた図形から両信号の位相角を求めるものである．現在では，モニターとして用いられることがある（10.2.4 参照）．

位相差は，周波数カウンタでも測定できる．周期測定と同様に，クロックパルスを測定信号とし，信号 A でゲート回路を開き，信号 B で閉じる．次に，クロックパルスの数とクロックパルスのパルス間隔との積を求めると，ゲート開閉時間が測定される．入力信号の周波数と測定された時間から A，B の 2 信号間の時間間隔すなわち位相差が求められる．

同一周波数の二つの信号 A，B の位相をさらに精密に測定するには，ヘテロダイン位相差測定技術を用いる．図 7.6 に示すように両信号の周波数とほぼ同じ周波数の局部発振器を設け，それぞれの入力信号と局部発振器の周波数を混合し，低周波の差周波数を取り出す．この二つの信号の位相差を測定する．この方法によると，ピコ秒（ps）の桁の位相差が測定できる．この方法と同様な原理に基づいて，2 信号 A, B の電圧と位相差を同時に測定，表示する計器にベクトル電圧計がある．

二つの入力周波数がわずかに異なるときには，位相が 1 回転する時間を測定すると，いずれか一方の信号を基準として，他の信号の周波数を精密に測定することができる．この方法は，周波数標準の周波数比較に用いられている．

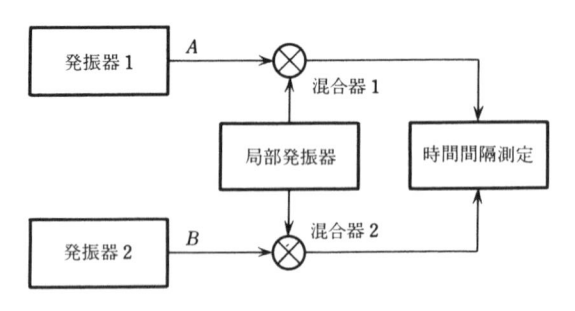

図 7.6 高精度位相測定法

7.5 周波数安定度

原子発振器も含めてすべての発振器の発振周波数は一定不変ではなく，変動している．この変動の程度を表す尺度が周波数安定度である．周波数安定度には，時間領域での表示法である **2 標本分散** あるいは **Allan 分散** と呼ばれるものと周波数領域での表示法である周波数変動の**パワースペクトル密度**で表すものの二つの方法がある．

2 標本分散について説明する．測定周波数の変動分を測定時間 τ で休止することなく無限に測定する．測定時間は，平均化時間と呼ばれる．周波数変動分を公称周波数で規格化し，次式によって 2 標本分散を求める．

$$\sigma_y^2(\tau) = <(\bar{y}_{i+1} - \bar{y}_i)^2/2> \tag{7.1}$$

$$\bar{y}_i = [\phi(t_{i+\tau}) - \phi(t_i)]/2\pi\nu_0\tau \tag{7.2}$$

ここでは，i は i 番目の測定を，$<>$ は無限個平均を意味する．ϕ は位相で，式 (7.2) の分子は平均化時間 τ での位相変動量となる．ν_0 は，公称周波数である．式 (7.1) に基づいた測定と計算は実際には不可能であるから，測定個数を M として式 (7.3) を用いている．

$$\sigma_y^2(\tau) = \frac{1}{2M} \sum_{i=1}^{M} (\bar{y}_{i+1} - \bar{y}_i)^2 \tag{7.3}$$

実際の測定法について述べる．この定義に基づいた尺度で示した周波数安定度が図 7.1 である．

周波数領域での周波数安定度の表示法では，規格化周波数変動のパワースペクトル密度とフーリエ周波数との関係を表す方法である．幸い，精密周波数源の周波数変動については，周波数領域の周波数安定度と時間領域の周波数安定度は相互に変換が可能である．

図 7.7 は，正確なクロックパルスと位相変動のあるパルス信号との位相の時間的なゆらぎ $T_1 \sim T_n$ を示す．精密な周波数源の出力信号は，正弦波であるから，実際の位相変動測定では正弦波信号の整数倍の周期とクロックパルスとの位相

差を測定する．経過時間と位相変動との関係が測定器の記憶装置に記録される．図7.8の点線は，位相変動と経過時間との関係を示す．測定点間の時間が，測定時間 τ にあたる．瞬時周波数 $\nu(t)$ は，式（7.4）のように位相の時間微分で表される．したがって位相変動のない正弦波信号の経過時間と位相との関係は，図7.8の直線

$$\nu(t) = \frac{1}{2\pi}\frac{d\phi}{dt} \tag{7.4}$$

で表される．

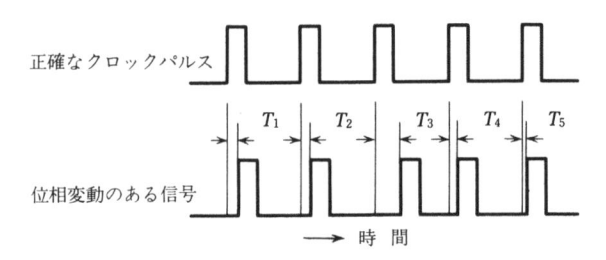

図 7.7 位相変動のある信号と正確なクロックパルス

時間領域の周波数安定度は，位相変動測定時間 τ の関数である．測定器に記憶された位相特性から，測定時間 τ の整数倍の測定時間での周波数安定度が式(7.3) に従って統計処理で求められる．それらは，グラフや表にして表示するようになっている．

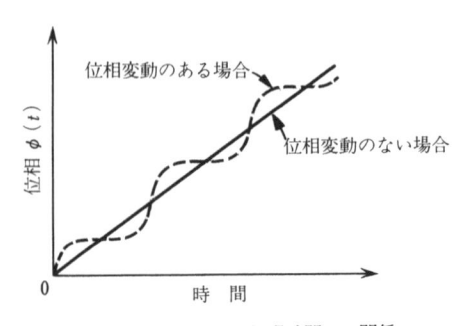

図 7.8 位相変動と経過時間との関係

練 習 問 題

[1] 周波数カウンタでは，±1 カウント誤差が避けられない．その原因を説明せよ．
[2] 発振器の周波数安定度は，測定時間(平均化時間)によって異なるのはなぜか．
[3] わずかに周波数の異なる 2 台の発振器の周波数を図 7.6 の回路で測定したところ，100 s で位相が 1 回転した．一方の発振器の周波数を 1 MHz とすれば，もう一方の発振器の周波数はいくらか．
[4] 図 7.5 の回路で，測定周波数はいくらになるか．

8 電力の測定

電圧 V〔V〕と電流 I〔A〕がわかれば，$P=VI$〔W〕で電力が求まる．したがって，電流計と電圧計を用いれば電力が求まる．また，**電流力計型電力計**(electrodynamometer wattmeter) を用いれば直接電力が求まる．交流回路での電力測定では，たとえば周波数 400 Hz 以下はこの電流計，電圧計，電流力計型電力計で求められるが，400 Hz から 100 kHz までは**電子式電力計**(electronic wattmeter)が使用される．さらに高く，10 MHz までの交流はオシロスコープが用いられ，それ以上 100 GHz までは**カロリメータ** (calorimeter) または**ボロメータ** (bolometer) 電力計が用いられる．

8.1 直流回路での電力測定法

直流電力を測定する方法には電圧計と電流計でそれぞれ電圧 V と電流 I を測定して，$P=VI$ で求める**間接測定法**と，電流力計型電力計で測定する**直接測定法**がある．

8.1.1 間接法による電力測定

負荷電圧 V_L と負荷電流 I_L の積で電力 $P=V_L I_L$ が求まる．図8.1(a)のように電圧計を負荷側に接続する場合と，図8.1(b)のように電流計を負荷側に接続する2通りの方法がある．

図8.1(a)のように電流計の読みを I〔A〕とすると，
$$I = I_v + I_L \tag{8.1}$$
である．したがって，電圧計の内部抵抗を R_v とすると，電力 P は

8.1 直流回路での電力測定法

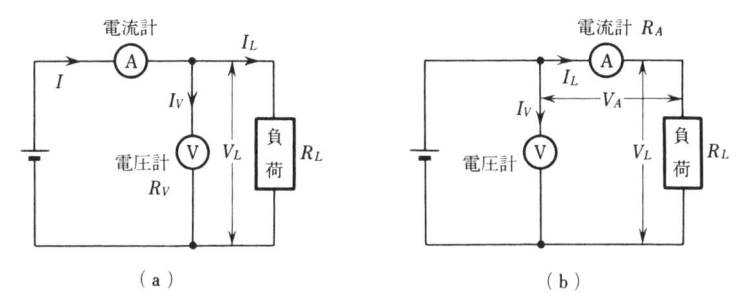

図 8.1 負荷で消費される電力を測定するための電圧計と電流計の接続

$$P = V_L I_L$$
$$= V_L (I - I_V)$$
$$= V_L \left(I - \frac{V_L}{R_V}\right)$$
$$= V_L I - \frac{V_L^2}{R_V} \tag{8.2}$$

となる．ここで，V_L は電圧計の読みで，I は電流計の読みである．式 (8.2) からわかるように，電圧計の内部抵抗 R_V による誤差が生ずる．

図 8.1(b) のように電圧計の指示を $V[\mathrm{V}]$ とすると，
$$V = V_A + V_L \tag{8.3}$$
である．したがって，電流計の内部抵抗を R_A とすると，電力 P は
$$P = V_L I_L$$
$$= (V - V_A) I_L$$
$$= (V - I_L R_A) I_L$$
$$= V I_L - I_L^2 R_A \tag{8.4}$$

となる．ここで，V は電圧計の読みで，I_L は電流計の読みである．式 (8.4) からわかるように，電流計の内部抵抗 R_A による誤差が生じる．

図 8.1(a) と (b) を比較したとき，電圧計の内部抵抗 R_V と電流計の内部抵抗 R_A から生じる誤差は $R_L^2 < R_A R_V$ のときは (b) の回路と比べて (a) の

回路の方が小さい．また，$R_L{}^2 > R_A R_V$ のときは（a）の回路と比べて（b）の回路の方が誤差は小さい（これの導出は練習問題［2］参照）．

8.1.2 直接法による電力測定

電力を直接測定する方法として，電流力計型電力計が用いられる．この原理図を図 8.2 に示す．

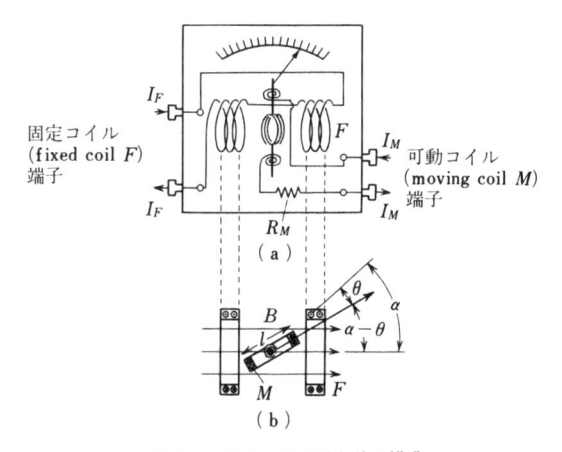

図 8.2 電流力計型電力計の構造

図 8.2（a）に示すように，**固定コイル**（fixed coil）F に電流 I_F を流して，（b）に示すような平等な磁界 B を作り，その固定コイルの間に**可動コイル**（moving coil）M を置いて電流 I_M を流す．同じ方向に流れる電流同士は引き合い，異なる方向に流れる電流は反発し合う．図 8.2（b）のように，⊙は紙面の裏から表に流れる電流，また⊗は紙面の表から裏に流れる電流を表す．⊙と⊙または⊗と⊗同士は引き合い，⊙と⊗は反発する．このように吸引，反発によってトルクが生じ，力 F は

$$F = K_1 I_F I_M \quad [\mathrm{N}] \tag{8.5}$$

と書ける．ここで K_1 は定数である．可動コイルに働く駆動トルク T_D は

$$T_D = lF \cos(\alpha - \theta)$$

8.1 直流回路での電力測定法

$$= lK_1 I_F I_M \cos(\alpha - \theta) \quad [\text{N·m}] \tag{8.6}$$

となる. ところで, 渦巻ばねによる制御トルク T_C は

$$T_C = K_2 \theta \quad [\text{N·m}] \tag{8.7}$$

と書ける.

渦巻ばねは普通りん青銅でできていて, ばねの全長を l [m], 厚さを t [m], 幅を b [m] として, ばねに加わるトルクを T_C [N·m], 回転角を θ [rad], ばね材料のヤング率を E [kg/m²] とすれば,

$$T_C = \frac{Ebt^3}{12\,l} = K_2 \theta \quad [\text{N·m}] \tag{8.8}$$

と書ける.

つり合いの条件より, 式 (8.6) と (8.7) より,

$$T_D = T_C \tag{8.9}$$

となるから,

$$lK_1 I_F I_M \cos(\alpha - \theta) = K_2 \theta \tag{8.10}$$

と書ける. このように計器の目盛は $I_F I_M \cos(\alpha - \theta)$ に比例し, 目盛の中央付近では $\cos(\alpha - \theta) \approx 1$ で, $I_F I_M$ に比例する.

いまこの電流力計型電力計を使って, 直流電力を測定する方法について述べ

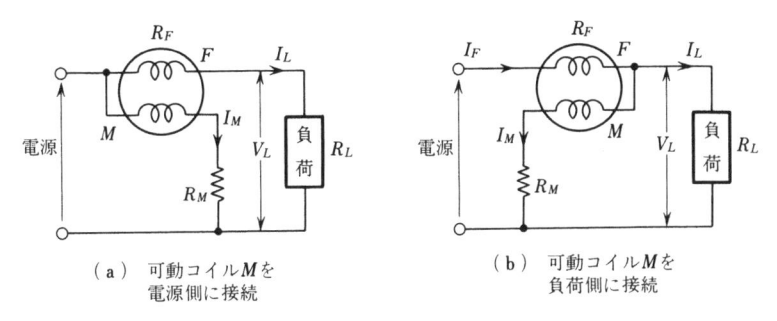

(a) 可動コイル M を電源側に接続

(b) 可動コイル M を負荷側に接続

図 8.3 可動コイル M と固定コイル F よりなる電流力計型電力計による電力の測定. R_M と R_F はそれぞれ可動コイル M と固定コイル F の内部抵抗

る．この場合にも図8.3(a)のように可動コイルを電源側に接続する場合と，(b)のように可動コイルを負荷側に接続する2通りの方法が考えられる．

図8.3(a)は高い V_L，低い I_L の測定に適し，(b)は高い I_L，低い V_L の測定に適している．図8.3(a)の場合，大きな電力測定では R_F が無視できるので，$R_F=0$ の場合，式(8.10)より，

$$\theta = \frac{lK_1}{K_2} I_F I_M \cos(\alpha - \theta) \tag{8.11}$$

となる．ところで，$I_F = I_L$，$I_M = V_L / R_M$ より

$$\theta = \frac{lK_1}{K_2} I_L \frac{V_L}{R_M} \cos(\alpha - \theta) \tag{8.12}$$

となり，θ は負荷で消費される電力 $P = I_L V_L$ に比例する．

R_F が存在するときは，負荷電圧 V_L のほかに，R_F の電圧降下が加わり，電力 P は

$$P = I_L(V_L + I_L R_F)$$
$$= I_L V_L \left(1 + \frac{R_F}{R_L}\right) \tag{8.13}$$

と求められる．

図8.3(b)の場合，$I_F = I_M + I_L$ より，電力 P は

$$P = (I_L + I_M) V_L$$
$$= I_L V_L \left(1 + \frac{R_L}{R_M}\right) \tag{8.14}$$

と求められる．

式(8.13)と(8.14)からわかるように，R_F/R_L，R_L/R_M の誤差が生じる．したがって，

$$\frac{R_F}{R_L} - \frac{R_L}{R_M} = \frac{R_F R_M - R_L^2}{R_L R_M} \tag{8.15}$$

より，

$R_F R_M > R_L^2$ のとき，$\dfrac{R_F}{R_L} > \dfrac{R_L}{R_M}$ で図8.3(b)の方が誤差は小さい．

また，

$R_F R_M < R_L{}^2$ のとき，$\dfrac{R_F}{R_L} < \dfrac{R_L}{R_M}$ で図 8.3(a) の方が誤差は小さい．

で，さらに

$R_F R_M = R_L{}^2$ のとき，$\dfrac{R_F}{R_L} = \dfrac{R_L}{R_M}$ で図 8.3(a)，(b) の誤差は同じである．

8.2 交流回路での電力測定法

8.2.1 単相交流電力測定法

交流の角周波数を ω，正弦波交流電圧および電流の**瞬時値** (instantaneous value) を $v(t)$, $i(t)$ とする．

$$v = v_m \sin \omega t \tag{8.16}$$
$$i = i_m \sin(\omega t - \varphi) \tag{8.17}$$

と書ける．ここで，v_m, i_m はそれぞれ電圧，電流の最大値で，φ は電圧と電流の位相差である．この場合電圧の位相は電流より φ だけ進んでいる．

電圧や電流の瞬時値の 2 乗平方根を**実効値** (root mean square value) といい，式 (8.16) の正弦波電圧では，周期を T として，実効値 v_rms は

$$v_\mathrm{rms} = \sqrt{\dfrac{1}{T} \int_0^T v^2 dt}$$
$$= \dfrac{v_m}{\sqrt{2}} \tag{8.18}$$

と計算される．同様に電流の実効値は式 (8.17) より，

$$i_\mathrm{rms} = \sqrt{\dfrac{1}{T} \int_0^T i^2 dt}$$
$$= \dfrac{i_m}{\sqrt{2}} \tag{8.19}$$

と計算される．式 (8.18)，(8.19) を使い，式 (8.16)，(8.17) を実効値 v_rms, i_rms を用いて表すと，

$$v = \sqrt{2}\, v_{\text{rms}} \sin \omega t \tag{8.20}$$
$$i = \sqrt{2}\, i_{\text{rms}} \sin(\omega t - \varphi) \tag{8.21}$$

と書ける．

交流電力 P は電圧と電流の瞬時値の積の平均値で，式 (8.20), (8.21) を用いて,

$$\begin{aligned} P &= \frac{1}{T} \int_0^T vi\, dt \\ &= v_{\text{rms}} i_{\text{rms}} \cos \varphi \end{aligned} \tag{8.22}$$

と書ける．

抵抗とコイルまたはコンデンサのリアクタンスがある場合，**有効電力** (effective power) P は

$$P = v_{\text{rms}} i_{\text{rms}} \cos \varphi \quad [\text{W}] \tag{8.23}$$

と書ける．これは抵抗分で消費される電力である．**無効電力** (reactive power) Q は

$$Q = v_{\text{rms}} i_{\text{rms}} \sin \varphi \quad [\text{Var}] \tag{8.24}$$

と書ける．これはリアクタンス分で消費される電力で，単位の**バール** (Var) は <u>V</u>olts-<u>a</u>mperes-<u>r</u>eactive の略である．**皮相電力** (apparent power) S は電圧計と電流計の読みの積で,

$$S = v_{\text{rms}} i_{\text{rms}} \quad [\text{VA}] \tag{8.25}$$

と書ける．また皮相電力 S は式 (8.23) の有効電力，式 (8.24) の無効電力を用いて,

$$S = \sqrt{P^2 + Q^2} \tag{8.26}$$

とも書ける．

力率 (power factor) $\cos \varphi$ は

$$\cos \varphi = \frac{P}{v_{\text{rms}} i_{\text{rms}}} = \frac{P}{S} \tag{8.27}$$

と定義される．

式 (8.27) の力率は皮相電力 S のどの程度の割合が有効電力 P になっている

8.2 交流回路での電力測定法

かを表すものである．

次に電圧計を3個用いた**3電圧計法**，電流計を3個用いた**3電流計法**による負荷電力 P の測定について述べる．この方法は低周波数で有効で，交流電源の周波数が高くなると，電圧計，電流計のリアクタンスが無視できなくなり誤差が生じる．また，電圧計の内部抵抗は十分高く，電流計の内部抵抗は十分小さくしておかないと，誤差が生じるので注意する必要がある．この3電圧計法，3電流計法は間接法による電力測定であるが，電流力計型電力計を用いた直接法による電力測定についても述べる．

(a) 3電圧計法

図8.4(a)に示すように，3個の電圧計の読み V_1, V_2, V_3 と既知の抵抗 R から負荷で消費される電力 P を測定する．

負荷電流 $\dot{I}$ は負荷電圧 $\dot{V_1}$ より位相 φ だけ遅れる．R の両端の電圧は $\dot{V_2} = \dot{I}R$ で $\dot{I}$ と同様である．この関係のベクトル図は図8.4(b)に示してある．したがって，

$$V_3^2 = V_1^2 + V_2^2 - 2V_1V_2\cos(180-\varphi)$$
$$= V_1^2 + V_2^2 + 2V_1V_2\cos\varphi \qquad (8.28)$$

となる．したがって，交流電力 P は式(8.22)より

$$P = V_1 I \cos\varphi = V_1 \frac{V_2}{R} \cos\varphi \qquad (8.29)$$

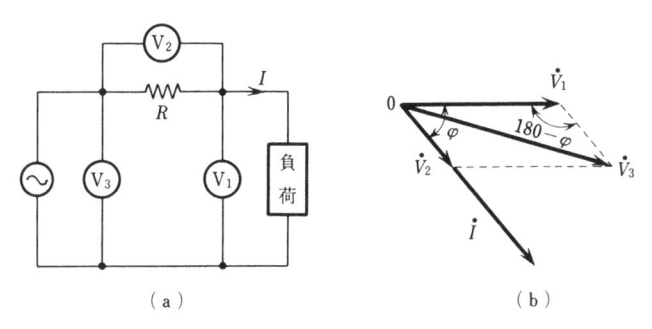

図 8.4 3電圧計法による電力の測定

となるから，式 (8.28) と (8.29) から $\cos \varphi$ を消去して，

$$P = \frac{V_3^2 - V_1^2 - V_2^2}{2R} \tag{8.30}$$

と求まる．また力率 $\cos \varphi$ は式 (8.28) より，

$$\cos \varphi = \frac{V_3^2 - V_1^2 - V_2^2}{2 V_1 V_2} \tag{8.31}$$

と求まる．

(b) 3電流計法

図 8.5(a) に示すように，3個の電流計の読み I_1, I_2, I_3 と既知の抵抗 R から負荷で消費される電力 P を測定する．

負荷電流 $\dot{I}_1$ は負荷電圧 $\dot{V}$ より位相 φ だけ遅れる．$\dot{I}_2 = \dot{V}/R$ で $\dot{V}$ と同相である．この関係のベクトル図は図 8.5(b) に示してある．したがって，

$$I_3^2 = I_1^2 + I_2^2 + 2 I_1 I_2 \cos \varphi \tag{8.32}$$

となる．したがって，交流電力 P は式 (8.22) より，

$$P = V I_1 \cos \varphi = I_2 R \cdot I_1 \cos \varphi \tag{8.33}$$

となるから，式 (8.32) と (8.33) から $\cos \varphi$ を消去して，

$$P = \frac{R(I_3^2 - I_1^2 - I_2^2)}{2} \tag{8.34}$$

となる．また力率 $\cos \varphi$ は式 (8.32) より

$$\cos \varphi = \frac{I_3^2 - I_2^2 - I_1^2}{2 I_1 I_2} \tag{8.35}$$

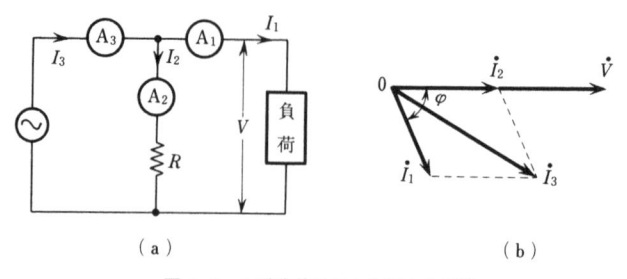

図 8.5 3電流計法による電力の測定

8.2 交流回路での電力測定法

と求まる．

（c） 電流力計型電力計

直流電力の場合と同様に電流力計型電力計でも交流電力が測定できる．式(8.6) と同じように，固定コイルに流れる交流電流 i_F は式（8.21）より

$$i_F = \sqrt{2}\, i_{\mathrm{rms}} \sin(\omega t - \varphi) \tag{8.36}$$

また，可動コイルに流れる交流電流 i_M は式（8.20）の交流電圧 v より

$$i_M = \frac{v}{R_M} = \frac{\sqrt{2}}{R_M} v_{\mathrm{rms}} \sin \omega t \tag{8.37}$$

と求められるので，可動コイルに働く駆動トルクの瞬時値 T_D' は

$$\begin{aligned} T_D' &= l K_1 i_F i_M \cos(\alpha - \theta) \\ &= l K_1 \sqrt{2}\, i_{\mathrm{rms}} \sin(\omega t - \varphi) \frac{\sqrt{2}}{R_M} v_{\mathrm{rms}} \sin(\omega t) \cos(\alpha - \theta) \\ &= K i_{\mathrm{rms}} v_{\mathrm{rms}} \sin(\omega t - \varphi) \sin(\omega t) \cos(\alpha - \theta) \end{aligned} \tag{8.38}$$

と書かれる．ただし

$$K = \frac{2\, l K_1}{R_M} \tag{8.39}$$

である．可動コイルはこの T_D' の平均値に等しい駆動トルク T_D を受ける．したがって，以下のように計算できる．

$$T_D = \frac{1}{T} \int_0^T T_D' dt = K i_{\mathrm{rms}} v_{\mathrm{rms}} \cos \varphi \cos(\alpha - \theta) \tag{8.40}$$

式（8.7）と同じように渦巻ばねによる制御トルク T_C は

$$T_C = K_2 \theta \tag{8.41}$$

と書ける．式（8.40）の駆動トルク T_D と式（8.41）の制御トルク T_C がつり合うから

$$K i_{\mathrm{rms}} v_{\mathrm{rms}} \cos \varphi \cos(\alpha - \theta) = K_2 \theta \tag{8.42}$$

となる．したがって，交流電力 $P = i_{\mathrm{rms}} v_{\mathrm{rms}} \cos \varphi$ とすれば

$$\theta = \frac{K}{K_2} P \cos(\alpha - \theta) \tag{8.43}$$

となり，θ は負荷で消費される電力 P に比例する．これは直流の場合の式(8.12)

と同じである．このように電流力計型電力計は交流，直流両面で電力測定に使われる．

8.2.2 多相交流電力測定法

一般に n 線式の**多相交流回路**の電力，すなわち，n 相電力の測定は $(n-1)$ 個の単相電力計で測定できる．これを**ブロンデル**（Blondel）**の法則**という．

一例として図 8.6 の $n=3$ の **3 相交流電力**を考える．

この場合図 8.7 に示すように，ブロンデルの法則により，2 個の単相電力計 W_1 と W_2 で測定できる．

3 相交流電力は 2 個の単相電力計で測定できることを以下に示す．

電流は

$$i_1 + i_2 + i_3 = 0 \tag{8.44}$$

となる．3 番目の線を帰線とみなすと，

$$i_1 + i_2 = -i_3 \tag{8.45}$$

となり，最後の 1 線の電流 i_3 が他のすべての電流の帰線となり，独立量とならない．これが 2 個の単相電力計で測定できる理由である．

負荷で消費される電力は

$$\begin{aligned}P &= \frac{1}{T}\int_0^T i_1(v_1 - v_3)\,dt + \frac{1}{T}\int_0^T i_2(v_2 - v_3)\,dt \\ &= P_1 + P_2\end{aligned} \tag{8.46}$$

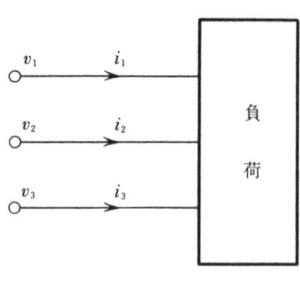

図 8.6 3 相交流電力

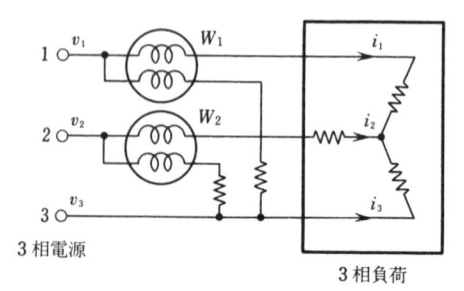

図 8.7 2 個の単相電力計 W_1 と W_2 による 3 相交流電力の測定

となる．ここで P_1 は電力計 W_1 の読みで，P_2 は電力計 W_2 の読みである．

このように3相交流電力は2個の単相電力計で測定できる．これを **2電力計法** という．

今，平衡3相負荷を考える．図 8.7 の端子1と3，2と3の線間電圧を v_{13}，v_{23} として，$v_{13}=v_{23}=v$ とする．また線電流を $i_1=i_2=i$ とする．このとき単相電力計 W_1 と W_2 で消費される電力 P_1 と P_2 は，

$$P_1 = i_1 v_{13} \cos(\varphi+30°)$$
$$= iv \cos(\varphi+30°) \tag{8.47}$$
$$P_2 = i_2 v_{23} \cos(\varphi-30°)$$
$$= iv \cos(\varphi-30°) \tag{8.48}$$

となる．したがって，負荷で消費される電力 P は

$$P = P_1 + P_2$$
$$= iv [\cos(\varphi+30°) + \cos(\varphi-30°)]$$
$$= \sqrt{3}\, iv \cos\varphi \tag{8.49}$$

と求められる．

次に式 (8.47) と (8.48) の比をとる．

$$\frac{P_1}{P_2} = \frac{\cos(\varphi+30°)}{\cos(\varphi-30°)} = \frac{\sqrt{3}-\tan\varphi}{\sqrt{3}+\tan\varphi} \tag{8.50}$$

となるから，

$$\tan\varphi = \sqrt{3}\,\frac{P_2-P_1}{P_1+P_2} = \sqrt{3}\,\frac{1-\dfrac{P_1}{P_2}}{\dfrac{P_1}{P_2}+1} \tag{8.51}$$

が得られる．

$$1+\tan^2\varphi = \frac{1}{\cos^2\varphi} \tag{8.52}$$

の関係から式 (8.51) と (8.52) より $\tan\varphi$ を消去して，力率 $\cos\varphi$ を求めると，

$$\cos\varphi = \cfrac{1}{\sqrt{1+3\left(\cfrac{1-\cfrac{P_1}{P_2}}{\cfrac{P_1}{P_2}+1}\right)^2}} \qquad (8.53)$$

が得られる．

　力率 $\cos\varphi$ と P_1/P_2 の関係のグラフを図 8.8 に示す．

　式 (8.53) と図 8.8 より以下のことがわかる．

　　負荷が抵抗のみの場合は $\cos\varphi=1$ で $P_1=P_2$，
　　負荷がリアクタンスのみの場合は $\cos\varphi=0$ で $P_1=-P_2$，
　　$\cos\varphi>0.5$ の場合は $P=P_1+P_2$，
　　$\cos\varphi<0.5$ の場合は $P=P_2-P_1$，
　　$\cos\varphi=0.5$ の場合は $P_1=0$ で P_2 だけの読みとなる．

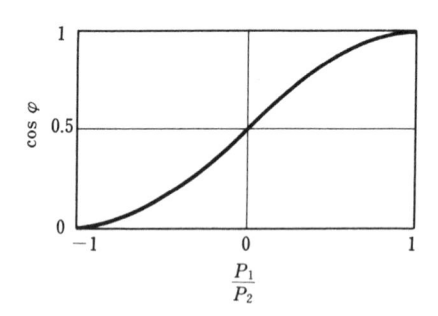

図 8.8　力率と P_1/P_2 との関係

8.3　ホール効果による電子式電力計

8.3.1　ホール効果の原理

ホール効果（Hall effect）1879 年アメリカの物理学者 Hall によって発見された効果である．このホール効果は電気電子計測では重要である．ホール効果はここで述べる電力計やまたは後の第 10 章で述べる磁束計にも用いられる．

8.3 ホール効果による電子式電力計

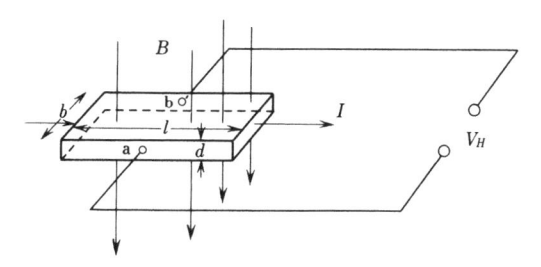

図 8.9 ホール効果

表 8.1 各種材料に対するホール定数

材　　料	n 型のホール定数 $[m^3/A \cdot s]$
銅	-5.3×10^{-11}
銀	-9×10^{-11}
ビスマス	-5×10^{-7}
シリコン	-10^{-2}
ゲルマニウム	-3.5×10^{-2}
InSb（インジウム・アンチモン）	-6×10^{-4}
InAs（インジウム・ヒ素）	-9×10^{-3}
HgSe（水銀セレン）	-7.36×10^{-6}
HgTe（水銀テルル）	-1.47×10^{-6}

　図 8.9 に示すように，磁束密度 B の磁界中におかれた導体または半導体に電流 I を流すと，電流と垂直な方向にホール起電力 V_H が発生する．今この素子の厚みを d，幅を b，長さを l とする．この時，**ホール起電力** V_H は

$$V_H = R_H \frac{BI}{d} \tag{8.54}$$

と書ける．ここで，R_H $[m^3/A \cdot s]$ はホール定数で表 8.1 のような値をもつ．

　次に式 (8.54) を導く．いま電子の電荷を q として，この電子が磁束密度 B に直角に v の速度で運動すると，**ローレンツ力**

$$F = qvB$$

が生じる．フレミングの左手の法則により，図 8.9 で電子には力が a 面から b 面の方向に働き，電子は b 面に蓄積される．これによりホール起電力 V_H が生じる．

このホール起電力の方向はn型またはp型のキャリヤの伝導に依存する．b面に蓄積された電子の空間電荷により**ホール電界** E_H を生じる．この電界による力 qE_H は電流 I によるローレンツ力と反対の力である．したがって，この二つの力がつり合った時に定常状態になる．すなわち，

$$qvB = qE_H \tag{8.55}$$

であるから，

$$E_H = vB \tag{8.56}$$

となる．これからホール起電力 V_H は

$$V_H = E_H b = vBb \tag{8.57}$$

と書ける．ところで電流 I は

$$I = qnvbd \tag{8.58}$$

となる．ここで n は単位体積当りの電子の数である．式 (8.57)，(8.58) より vb を消去すると，

$$V_H = \frac{1}{nq} \frac{BI}{d} \tag{8.59}$$

と書ける．式 (8.54) と比べて，ホール定数 R_H は

$$R_H = \frac{1}{nq} \tag{8.60}$$

となることがわかる．なお電子の電荷は負なのでn型の場合はホール定数 R_H は負になる．キャリヤが正孔のp型の場合はホール定数 R_H は正である．

8.3.2 ホール効果電力計

ホール効果を用いた電力計の原理は以下の通りである．式 (8.54) より，

$$V_H \propto BI \tag{8.61}$$

である．ところで，磁束密度 B が負荷電流 I_L に比例し，

$$B \propto I_L \tag{8.62}$$

となり，電流 I が負荷電圧 V_L に比例し，結局

$$V_H \propto V_L I_L \tag{8.63}$$

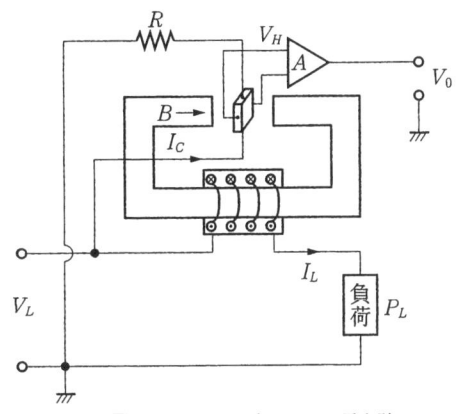

8.3 ホール効果による電子式電力計

図 8.10 ホール素子による電力計

で V_H が電力 $V_L I_L$ に比例して測定できる．

今，図 8.10 に示すような実際のホール電力計の構成回路を考える．

ホール素子の厚みを d とすれば，式 (8.54) より，図 8.10 の回路で，

$$V_H = R_H \frac{B I_C}{d} \tag{8.64}$$

と書ける．

$$I_C = \frac{V_L}{R} \tag{8.65}$$

で，また磁束密度 B はコイルに流れる電流 I_L に比例するから，比例定数を K として，

$$B = K I_L \tag{8.66}$$

と書ける．式 (8.65)，(8.66) を式 (8.64) に代入して，

$$V_H = R_H \frac{V_L I_L}{dR} K \tag{8.67}$$

となる．増幅器の増幅度を A として，増幅器の出力を V_0 とすれば，

$$\begin{aligned} V_0 &= A V_H \\ &= A R_H \frac{V_L I_L}{dR} K \end{aligned} \tag{8.68}$$

と書ける．このように V_0 は負荷で消費される電力を

$$P_L = KV_L I_L \tag{8.69}$$

として，これを式（8.68）に代入して，

$$V_0 = KAR_H \frac{P_L}{dR} \tag{8.70}$$

となり，V_0 は P_L に比例して求まる．

8.4 電流力計型単相力率計

電流力計型単相力率計を用いて，直接力率を測定することができる．

図 8.2 の電流力計型電力計で，可動コイルの部分をお互いに直交する 2 個の可動コイルで置き換えたものが図 8.11（a）の電流力計型単相力率計である．可動コイル M_1 には高抵抗 R，可動コイル M_2 には高インダクタンス L を直列に接続する．コイル M_1 と固定コイル F は有効電力計として働き，コイル M_1 に働く力を F_1 とすると，

$$F_1 = K_1 II_1 \cos \varphi \tag{8.71}$$

と書ける．ここで，K_1 は比例定数で，φ は負荷の力率角である．図 8.11（b）からわかるように，コイル M_1 に働くトルク T_1 は

$$T_1 = K_2 F_1 \sin \theta \tag{8.72}$$

と書ける．K_2 は比例定数である．したがって，式 (8.71)，(8.72) より，

$$T_1 = K_1 K_2 II_1 \cos \varphi \sin \theta$$

となる．

次にコイル M_2 と固定コイル F は無効電力計として働くから，コイル M_2 に働く力を F_2 とすると

$$F_2 = K_1' II_2 \sin \varphi \tag{8.73}$$

と書ける．K_1' は比例定数である．コイル M_2 に働くトルク T_2 は

$$T_2 = K_2' F_2 \cos \theta \tag{8.74}$$

である．K_2' は比例定数である．式 (8.73)，(8.74) より

$$T_2 = K_1' K_2' II_2 \sin\varphi \cos\theta \qquad (8.75)$$

となる．

コイル M_1 と M_2 に働くトルクはお互いに逆方向なので，両コイルがつり合うところで静止する．$T_1 = T_2$ より

$$K_1 K_2 II_1 \cos\varphi \sin\theta = K_1' K_2' II_2 \sin\varphi \cos\theta \qquad (8.76)$$

となる．いま，$K_1 K_2 = K_1' K_2'$，$I_1 = I_2$ とすれば，式 (8.76) より，

$$\tan\theta = \tan\varphi \qquad (8.77)$$

となり，$\theta = \varphi$ で直接力率角 φ，力率 $\cos\varphi$ が求まる．普通力率計の目盛には φ と $\cos\varphi$ の両方が目盛ってある．たとえば，図 8.11（a）の目盛のように中央は $\varphi = 0°$，$\cos\varphi = 1.0$ である．

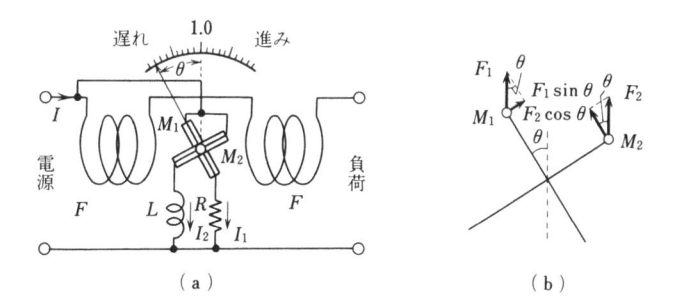

図 8.11 電流力計型単相力率計

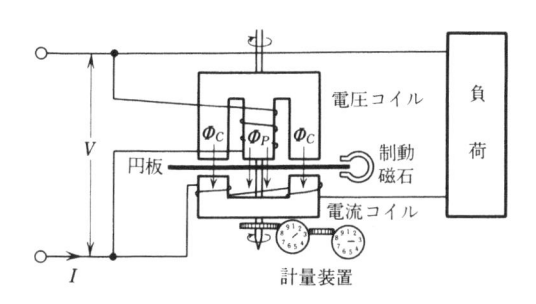

図 8.12 誘導型交流電力量計

8.5 誘導型電力量計

誘導型電力量計（induction type watthour meter）は普通の家庭でみうけられる．図 8.12 に示すように円板の回転数から電力量（watthour）がわかる．
電気の仕事 W〔J〕は電力 P〔W〕と時間 t〔s〕で

$$W = P \times t \tag{8.78}$$

で表せるが，これでは小さいのでキロワット〔kW〕×時間〔h〕で表すことが多い．たとえば，$1\,\text{kW} = 10^3\,\text{W}$，$1\,\text{h} = 3\,600\,\text{s}$ なので，

$$1\,\text{kWh} = 10^3\,\text{W} \times 3\,600\,\text{s} = 3.6 \times 10^6\,\text{J}$$

である．
たとえば，100 V，10 A の電熱器を毎日 2 時間 30 日間使用したときの電力量は

$$W = 100 \times 10 \times 2 \times 30 = 60\,000\,\text{Wh} = 60\,\text{kWh}$$

となる．以下この電力量を測る方法について述べる．
図 8.12 のように，電圧コイルと電流コイルの間にアルミニウムの円板を置く．負荷電圧 V により磁束 Φ_P ができ，負荷電流 I により磁束 Φ_C ができる．いま，Φ_P は電圧より 90°遅れ，Φ_C は電圧より φ だけ遅れるようにすれば，Φ_P と Φ_C の位相差は $90° - \varphi$ となる．Φ_P が電圧 V に，Φ_C が電流 I にそれぞれ比例するから，円板に働くトルク T_D は

$$T_D = K_1 \Phi_P \Phi_C \sin(90° - \varphi) = K_2 VI \cos\varphi \tag{8.79}$$

となる．ここで，K_1 と K_2 は比例定数である．このように，T_D は電力 $VI\cos\varphi$ に比例する．アルミニウムの円板が回転すると，磁石により**うず電流**（eddy current）が発生する．このとき，制御トルク T_C は回転速度 ω に比例する．

$$T_C = K_3 \omega \tag{8.80}$$

ここで K_3 は比例定数である．したがって，いつも同じ速度で回転しているから，$T_D = T_C$ の関係を保ちながら回転する．式 (8.79), (8.80) より，

$$K_3 \omega = K_2 VI \cos\varphi \tag{8.81}$$

したがって,
$$\omega \propto VI \cos \varphi \tag{8.82}$$
の関係が得られる.ある時間 t の間の円板の回転数 N は ωt に比例するから,
$$N \propto \omega t \propto VI \cos \varphi \cdot t \tag{8.83}$$
となる.電力 $P = VI \cos \varphi$ より,
$$N \propto Pt \quad [\text{kWh}] \tag{8.84}$$
となる.これを歯車で減速して計量装置に伝えれば,電力量が積算できる.

8.6 高周波での電力測定

いままで述べてきたように,数 kHz までの**可聴周波数** (audio-frequency) 領域での電力測定では,負荷抵抗 R_L に流れる電流 i_L,または負荷抵抗 R_L にかかる電圧 v_L を測定することにより,電力 P は $P = i_L{}^2 R_L = v_L{}^2/R_L$ から求められた.しかし,それより高周波になると,線路上の位置によって,電圧,電流値が等しくならないのが普通であるから,電流,電圧の定義が難しくなり,たとえば,10 MHz から 100 GHz までの周波数バンドでは**カロリメータ電力計** (calorimeter power meter) または**ボロメータ電力計** (bolometer power meter) が用いられる.

8.6.1 カロリメータ電力計
この方法は図 8.13 に示すように,高周波電力を抵抗 R で熱に変換して電力を

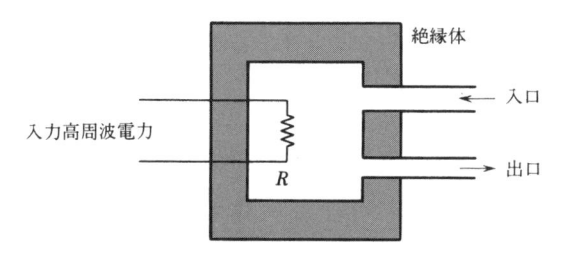

図 8.13 基本的なカロリメータ電力計

測定する方法である.

入口から水を流し,負荷抵抗 R で熱せられて出口から出るとき温度が Δt 〔°C〕だけ上昇したとする.そのとき,電力 P は

$$P = 4.2\, Qc\Delta t \quad 〔\mathrm{W}〕 \tag{8.85}$$

と求まる.ここで Q:流量〔g/s〕,c:比熱〔cal/g°C〕である.しかしこの方法では流量 Q,比熱 c を正確に知ることが難しいので次の図 8.14 の置換法を用いる.

まずはじめに高周波入力だけで水の温度上昇 Δt 〔°C〕を測定する.次に高周波を切り,水を新しく入れ換えて,校正用ヒータ R_S を低周波または直流電力により加熱し,高周波入力のみで上昇した温度差 Δt に等しくなったときの低周波あるいは直接電力が高周波電力に等しくなる.このように,高周波電力は水の温度上昇により低周波または直流電力から求められる.

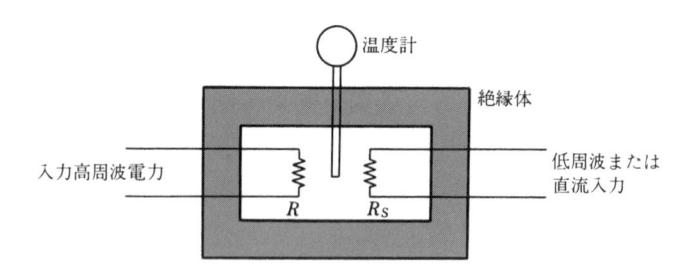

図 8.14 置換法による基本的なカロリメータ電力計

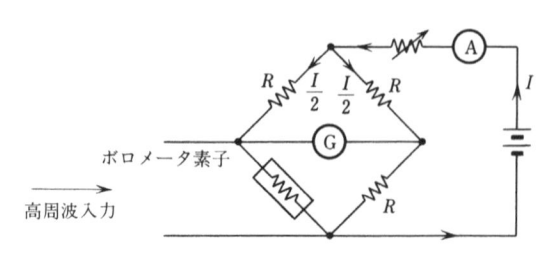

図 8.15 ボロメータ素子を用いたブリッジ回路による電力計

8.6.2 ボロメータ電力計

ボロメータ素子として，**バレッタ**（barretter）と**サーミスタ**（thermistor）がある．バレッタは金属線または金属薄膜でつくられていてその抵抗の温度係数は正である．すなわち，温度が高くなるにつれて抵抗も高くなる．サーミスタは半導体からできている材料で，負の温度係数をもつ．すなわち，温度が高くなるにつれて抵抗が低くなる．図8.15にボロメータ電力計の原理図を示す．このボロメータ素子をホイートストンブリッジの一辺に入れる．

ボロメータに高周波をあてない状態で直流電流をボロメータ素子に流してブリッジの平衡をとる．このときの直流電流を I_0 とする．次に高周波をボロメータ素子にあてて再びブリッジの平衡をとる．このときの直流電流を I_1 とする．高周波電力を P とすると，

$$\left(\frac{I_0}{2}\right)^2 R = P + \left(\frac{I_1}{2}\right)^2 R \tag{8.86}$$

と書けるから，この式より高周波電力 P は

$$P = \frac{R}{4}(I_0^2 - I_1^2) \tag{8.87}$$

と求まる．

練 習 問 題

[1] 図8.1(a)で，電圧計の内部抵抗が50kΩである．いま電圧計の読みが50Vで，電流計の読みが0.1Aであった．負荷で消費される電力を式(8.2)を用いて求めよ．

[2] 図8.1(a)，(b)の回路で負荷抵抗R_Lで消費される電力Pを電流計の読みI〔A〕，電圧計の読みV〔V〕の積として，$P=VI$〔W〕として求めた場合，電流計の内部抵抗R_A，電圧計の内部抵抗R_Vによる誤差の割合を図8.1(a)，(b)についてそれぞれ求めよ．次に$R_L{}^2<R_AR_V$の時は(b)の回路と比べて(a)の回路の方が，$R_L{}^2>R_AR_V$の時は(a)の回路と比べて(b)の回路の方が誤差が小さいことを示せ．

[3] 正弦波の電圧を負荷に印加し電流が流れた．それらの振幅は100〔V〕と5〔A〕であった．電圧と電流の位相角は30°であった．このときの有効電力，無効電力，皮相電力を求めよ．

[4] 比較的低い周波数における電力の測定方法として，3個の電流計を用いる3電流計法がある．この原理について述べよ．

[5] 式(8.50)を証明せよ．

[6] ビスマスを用いてホール起電力を測定したい．ビスマスの厚みを1μmとして，磁束密度0.1Wb/m^2，電流10mAを流したときのホール起電力V_Hを図8.9および式(8.54)から求めよ．

[7] 図8.13で高周波電力を測定した．温度差が12°Cで，水の循環量は0.8g/sであった．この時の高周波電力を求めよ．

9 磁気測定

磁性材料はエレクトロニクスの分野で広く使われている．この章ではこれら磁性材料とその磁界，磁束，磁化率を測定する方法について述べる．

磁界は基本的には磁束密度 B と磁界の強さ H によって定義される．それらはお互いに磁性材料の透磁率 μ と関係していて，$\mu = B/H$ である．なお真空中では $\mu = \mu_0 = 4\pi \times 10^{-7}$ H/m である．

9.1 磁界の測定

9.1.1 偏向磁力計

偏向磁力計（deflection magnetometer）は図 9.1 に示すように，H_0 [A/m] の地球磁界中に置かれている磁針を用いて棒磁石の磁界の強さ F [A/m]，磁気モーメント M [Wb・m]，磁極の強さ m [Wb] を求める．

図 9.1 に示すように磁極の強さ m [Wb] の棒磁石を d [m] 離して磁針を置く．棒磁石と磁針は H_0 [A/m] の地球磁界中に置かれているので，磁針は棒磁石による磁界 F [A/m] のために θ だけ振れている．

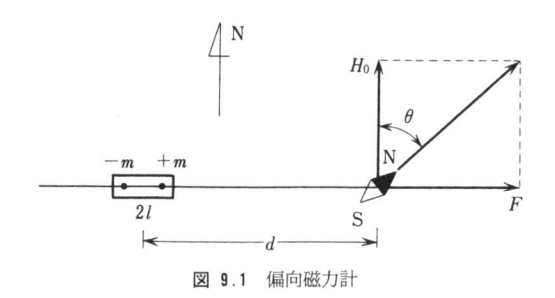

図 9.1 偏向磁力計

棒磁石の$+m$による磁界は

$$H^+ = \frac{m}{4\pi\mu_0(d-l)^2} \quad [\text{A/m}] \tag{9.1}$$

となる．また棒磁石の$-m$による磁界は

$$H^- = \frac{-m}{4\pi\mu_0(d+l)^2} \quad [\text{A/m}] \tag{9.2}$$

となる．両者の合成により，

$$F = H^+ + H^- = \frac{4\,mdl}{4\pi\mu_0} \frac{1}{(d^2-l^2)^2} \quad [\text{A/m}] \tag{9.3}$$

となる．$d \gg \dfrac{l}{2}$ の場合には式 (9.3) は，

$$F \approx \frac{2M}{4\pi\mu_0 d^3} \quad [\text{A/m}] \tag{9.4}$$

と近似できる．ここで

$$M = 2\,lm \quad [\text{Wb·m}] \tag{9.5}$$

は磁気モーメントである．

図 9.1 により

$$F = H_0 \tan\theta \quad [\text{A/m}] \tag{9.6}$$

の関係があるから，式 (9.4) と (9.6) を等しく置いて，

$$\frac{2M}{4\pi\mu_0 d^3} = H_0 \tan\theta \tag{9.7}$$

となるから，棒磁石の磁気モーメント M は

$$M = 2\pi\mu_0 d^3 H_0 \tan\theta \quad [\text{Wb·m}] \tag{9.8}$$

と求まる．M がわかれば磁極の強さは式 (9.5) より

$$m = \frac{M}{2l} \quad [\text{Wb}] \tag{9.9}$$

と計算できる．

9.1.2 振動磁力計

振動磁力計 (vibration magnetometer) は図 9.2 に示すように，辺の長さ 2 a[m], 2 b[m] の長方形の磁石をつるし，H_0[A/m] の地球磁界中において，H_0 との角 θ で微小振動させる.

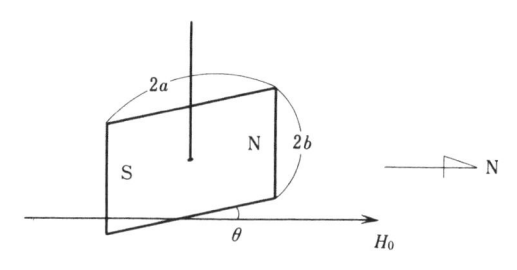

図 9.2 振動磁力計

振動磁力計の慣性モーメントを I[kg·m²] とすると，I は

$$I = 質量 \times \frac{a^2 + b^2}{3} \tag{9.10}$$

である. 微小振動しているときの運動方程式は

$$I \frac{d^2\theta}{dt^2} = -M_0 H_0 \sin\theta$$

$$\approx -M_0 H_0 \theta \tag{9.11}$$

と書ける. M_0 は振動磁力計の磁気モーメントである. 式 (9.11) より，

$$\theta = \sin(\omega t + \alpha), \quad \omega = \sqrt{\frac{M_0 H_0}{I}} \tag{9.12}$$

で単振動していることがわかる. いまこの振動の周期を T_0 とすると

$$T_0 = 2\pi \sqrt{\frac{I}{M_0 H_0}} \tag{9.13}$$

と書ける. 1 秒間での振動回数を n_0 とすれば，$n_0 = 1/T_0$ より，式 (9.13) より，

$$H_0 = \frac{4\pi^2 I}{M_0} n_0^2 \tag{9.14}$$

が得られる.

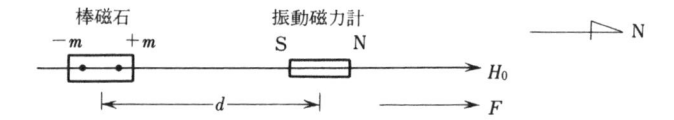

図 9.3 棒磁石と振動磁力計を地磁気 H_0 の方向に一直線状に並べる

次に図 9.3 に示すように棒磁石と振動磁力計を地磁気 H_0 の方向に一直線状に並べる.

振動磁力計を図 9.2 のように絹糸でつるし,絹糸をねじって微小振動させる.地磁気 H_0 のほかに棒磁石からの磁界 F も加わり,図 9.3 の場合,振動磁力計の周期 T は

$$T = 2\pi\sqrt{\frac{I}{M_0(H_0+F)}} \tag{9.15}$$

となる. 1 秒間での振動回数を n とすれば,$n = 1/T$ より,式 (9.15) より,

$$H_0 + F = \frac{4\pi^2 I}{M_0} n^2 \tag{9.16}$$

が得られる. 式 (9.14) と (9.16) より,

$$\frac{H_0+F}{H_0} = \frac{n^2}{n_0^2} \tag{9.17}$$

または,

$$F = H_0 \left(\frac{n^2 - n_0^2}{n_0^2}\right) \tag{9.18}$$

が得られる. H_0, n, n_0 は既知であるから棒磁石からの磁界 F が求まる. ところで,F は式 (9.4) で書けるから棒磁石の磁気モーメント M は

$$M = 2\pi\mu_0 F d^3 \tag{9.19}$$

と求まる. M がわかれば式 (9.5) より棒磁石の磁極 m が求まる.

9.2 磁束の測定

磁束を測定する方法として(1)**衝撃検流計** (ballistic galvanometer),(2)**電子磁束計** (electronic fluxmeter),(3)**ホール効果**,(4)**超伝導量子干渉**

素子（SQUID）**磁束計**による方法がある．

9.2.1　衝撃検流計を用いた磁束の測定

衝撃検流計は図 9.4 に示すように，**さぐりコイル**(search coil)を用いて，コイル中の磁束 Φ [Wb]，磁束密度 B [Wb/m^2] を測定するのに使用される．

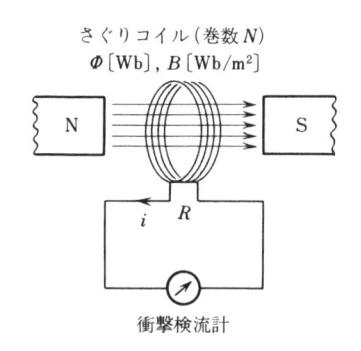

図 9.4　さぐりコイルと衝撃検流計を用いた磁束の測定

衝撃検流計は第 5 章の 5.3 節で述べたように可動コイル型計器でコイルの回転運動方程式は式 (5.6) で表される．この衝撃検流計は制御力が小さく可動部の慣性が大きいので，電流が可動部に瞬間的に流れても可動部は動かない．電流が流れ終ってから可動部は動きはじめる．このように電流が流れている間，可動部は運動をしないので，制御も制動力も生じない．したがって式(5.6)で，制動トルク係数 D，制御トルク係数 τ が無視できるので，

$$J\frac{d^2\theta}{dt^2} = Gi \tag{9.20}$$

が得られる．可動部に流れている時間すなわち 0 から t の間の積分により，式 (9.20) は

$$J\frac{d\theta}{dt} = G\int_0^t i\,dt \tag{9.21}$$

と書ける．ところでこの $0-t$ 間の短時間の全電気量 Q [C] は

$$Q=\int_0^t i\,dt \tag{9.22}$$

と表される．図9.4でさぐりコイルの巻数を n, 磁束 Φ, 誘導起電力 e, とすれば

$$e=-n\frac{d\Phi}{dt} \tag{9.23}$$

と書ける．コイルの抵抗を R〔Ω〕として，衝撃検流計に流れる電流 i は式(9.23)で－の符号を無視して，

$$i=\frac{e}{R}=\frac{n}{R}\frac{d\Phi}{dt} \tag{9.24}$$

となる．式 (9.24) を (9.22) に代入すれば，全電気量 Q は

$$Q=\int_0^t i\,dt=\int_0^t \frac{n}{R}\frac{d\Phi}{dt}\,dt=\frac{n}{R}\Phi \tag{9.25}$$

が得られる．次に時刻 t 以後の可動部分の運動を考える．

初角速度を ω_0 とすると，

$$\omega_0=\frac{d\theta}{dt} \tag{9.26}$$

と書ける．式 (9.21)，(9.22)，(9.26) より

$$J\omega_0=GQ \tag{9.27}$$

が得られる．ところで，可動部分に作用する制動部分が無視できるから，可動コイルの運動エネルギー $\frac{1}{2}J\omega_0^2$ が全部位置のエネルギー $\frac{1}{2}\tau\theta_0^2$ に変換される．すなわち

$$\frac{1}{2}J\omega_0^2=\frac{1}{2}\tau\theta_0^2 \tag{9.28}$$

である．θ_0 は初めの振れの角度で最大である．すなわち，$\theta_0=\theta_m$ とおける．式 (9.28) に (9.27) の ω_0 を代入して，$\theta_0=\theta_m$ とすれば，

$$\frac{1}{2}J\left(\frac{GQ}{J}\right)^2=\frac{1}{2}\tau\theta_m^2 \tag{9.29}$$

となるから，θ_m は

9.2 磁束の測定

$$\theta_m = \frac{G}{\sqrt{\tau J}} Q = kQ, \quad k = \frac{G}{\sqrt{\tau J}} \tag{9.30}$$

と Q に比例する. 比例定数 k は検流計の**衝撃定数**である. Q は式 (9.25) で磁束 Φ に比例するから, θ_m を測定すれば磁束 Φ が求まる. 図 9.4 の場合を考える.

磁束密度 B〔Wb/m²〕の中に巻数 N, 断面積 A〔m²〕, 抵抗 R〔Ω〕のさぐりコイルを図のように直角におき, δt 秒間急に 90°回転させて鎖交磁束を 0 とする. このときの磁束の変化は

$$\delta\phi = BA \quad \text{〔Wb〕} \tag{9.31}$$

で, 鎖交磁束の変化は

$$N\delta\phi = NBA \quad \text{〔Wb〕} \tag{9.32}$$

となる. 電磁誘導による起電力の大きさ e は

$$e = N\frac{\delta\phi}{\delta t} = \frac{NBA}{\delta t} \tag{9.33}$$

と求められる. 誘導電流 i は

$$i = \frac{e}{R} = \frac{NBA}{R\delta t} \tag{9.34}$$

となる. したがって, δt 秒間この回路に流れる全電気量 Q〔C〕は,

$$Q = i\delta t = \frac{NBA}{R} \tag{9.35}$$

と求められる. ところで, 式 (9.30) にこの全電気量 Q と衝撃検流計の最大の振れの角度 θ_m の関係が述べられている. 式 (9.30) と (9.35) より

$$\frac{NBA}{R} = \frac{1}{k}\theta_m \tag{9.36}$$

が得られるから, 磁束密度 B は

$$B = \frac{R}{kNA}\theta_m \tag{9.37}$$

と求まる. 磁束 Φ はこの磁束密度に断面積 A をかけて求められる.

式 (9.30) の検流計の衝撃定数 k〔rad/C〕は図 9.5 から以下のように求めら

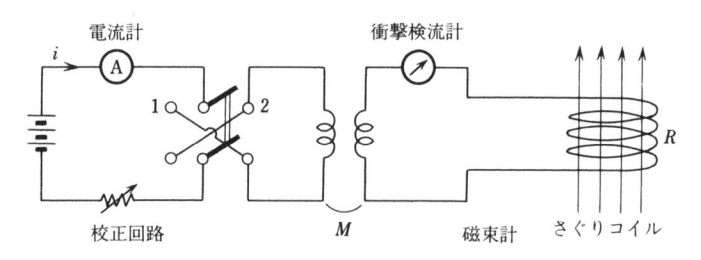

図 9.5 衝撃検流計の衝撃定数を求める回路

れる．

　図のように，校正回路と衝撃検流計を用いた磁束計は相互誘導コイルで分離されている．相互インダクタンスを M [H] とする．今，図のように校正回路中に直流電流 i [A] を流しておき，次に切換スイッチを 1 から 2 へ δt 秒間で急に変えて，相互誘導コイル中に流れる電流を i から $-i$ に変化させると磁束計側に次の起電力 e が発生する．このとき衝撃検流計の針が最大 θ_m 振れる．

$$e = M \times \frac{2i}{\delta t} \tag{9.38}$$

この δt 秒間に流れる全電気量 Q は

$$Q = i\delta t = \frac{e}{R}\delta t \tag{9.39}$$

と求められる．ところで式 (9.30) より $Q = \dfrac{\theta_m}{k}$ であるから式 (9.39) より

$$\frac{e}{R}\delta t = \frac{\theta_m}{k} \tag{9.40}$$

となる．式 (9.40) の δt を式 (9.38) に代入して，

$$k = \frac{R\theta_m}{M \cdot 2i} \tag{9.41}$$

と衝撃定数 k が最大の振れ角 θ_m より求められる．

9.2.2　電子磁束計を用いた磁束の測定

　電子磁束計は図 9.6 に示すように，さぐりコイルと積分器から構成されてい

9.2 磁束の測定

る.

さぐりコイルの巻き数を N, 断面積を A とする. 電磁誘導により, 磁束 Φ の変化により電圧 V_1 が生じる.

$$V_1 = -N\frac{d\Phi}{dt} = -NA\frac{dB}{dt} \tag{9.42}$$

コイルの断面積 A が大きく, 巻き数 N が十分大きいと, この電子磁束計の感度が高くなる.

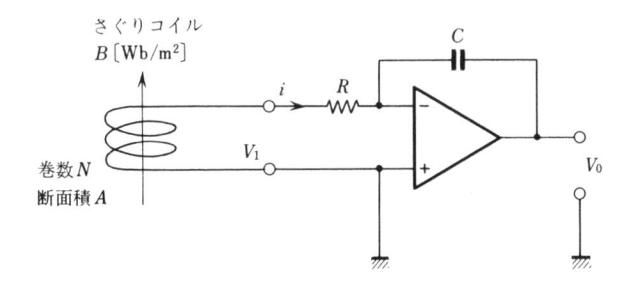

図 9.6 さぐりコイルと積分増幅器を用いた磁束の測定

この積分器の出力 V_0 は

$$V_0 = -\frac{1}{RC}\int V_1 dt \tag{9.43}$$

と書ける.

式 (9.42) の V_1 を式 (9.43) に代入すれば,

$$V_0 = \frac{N}{RC}\Phi \tag{9.44}$$

となり, このように出力電圧 V_0 は ϕ に比例する. 出力には実際 Φ に比例するメータが接続してあり, 直接 Φ の値がわかるようになっている. 磁束密度 B は Φ を断面積で割れば求まる. この磁束計は 10^{-3} から 1 Wb まで磁束測定が可能である.

9.2.3 ホール効果による磁束の測定

第8章の8.3節でホール効果について述べた．図8.9でホール起電力 V_H は

$$V_H = R_H \frac{BI}{d} \tag{9.45}$$

と書けた．ここで，ホール定数 R_H，素子の厚み d は定数なので，電流 I を一定にして流せば，ホール起電力 V_H は磁束密度 B に比例する．したがって，V_H を測定すれば磁束密度 B が測定でき，この磁束密度に素子の断面積をかければ磁束 $\varPhi$ が求まる．

9.2.4 超伝導量子干渉素子磁束計による磁束の測定

超伝導量子干渉素子（SQUID）は $\underline{S}$uperconducting $\underline{QU}$antum $\underline{I}$nterference $\underline{D}$evice の略で，この磁束計はジョセフソン素子を含む超伝導リングがきわめて鋭敏な磁気センサとなることを応用したものである．その**磁束分解能**は前項9.2.3で述べたホール効果磁束計より4桁上回り，人間の脳波のつくる 10^{-13} T（10^{-9} ガウス）の磁場測定まで可能となる．

SQUIDには直流電流でバイアスして動作する **dc SQUID** と，交流電流で動作する **rf SQUID** がある．ある臨界電流以下は超伝導になるが，この臨界電流は微小な磁場の変化に敏感に変化する．これを利用した磁束計がSQUIDである．

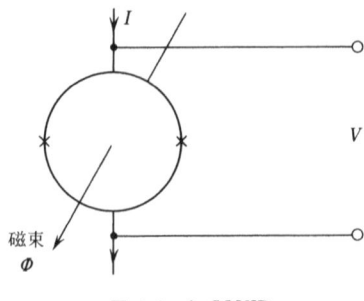

図 9.7 dc SQUID

9.2 磁束の測定

まずはじめに dc SQUID について説明する.これは図 9.7 に示す.図のように磁束 Φ を加えると,この磁束の変化を直接電圧 V の形で取り出すことが可能となる.外部磁束 Φ の変化は電流 I を周期的に変化させる.

図 9.7 のループのところにある ✳ は第 3 章 3.2 節で述べた図 3.4 の**トンネル型ジョセフソン接合**,図 3.5 の**点接触型ジョセフソン接合**,図 3.6 の**薄膜マイクロブリッジ型ジョセフソン接合**のいずれかである.

このループでは磁束が量子化され,電流の波の位相が 2π ずれている時,

$$\Phi = n\Phi_0 \quad (n=0,1,2,\cdots) \tag{9.46}$$

である.Φ_0 は磁束量子で

$$\Phi_0 = \frac{h}{2e} = 2.07 \times 10^{-15} \ [\text{Wb}] \tag{9.47}$$

の値を取る.ここで h はプランク定数で e は電子の電荷である.電流の波の位相が π ずれている時,

$$\Phi = \left(n + \frac{1}{2}\right)\Phi_0 \tag{9.48}$$

となる.したがって,このときの I-V 特性は図 9.8 に示される.

$I = I_B$ の直流を加えた状態で Φ を変化させると,図での端子位置に周期的な電圧が生じる.この電圧の振幅 ΔV は普通数 μV である.

電圧と磁界との関係は図 9.9 に示す.

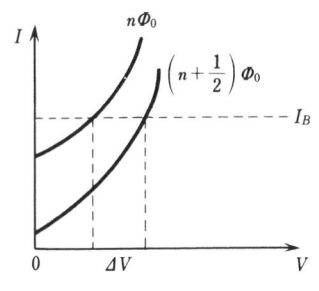

図 9.8 dc SQUID の I-V 特性

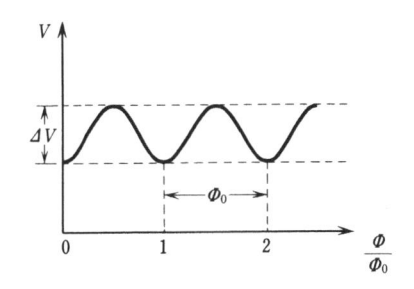

図 9.9 dc SQUID の電圧と外部磁束との関係

次に rf SQUID について述べる．図 9.10 は rf SQUID の原理図である．

図 9.10 の rf SQUID では，超伝導体リングに 1 個のジョセフソン接合が含まれている．ジョセフソン素子が超伝導ループで短絡されているので直流電圧は現れないで，諸特性はすべて交流的にインダクタンスの変化として取り出す．図 9.11 に $V_{rf}-I_{rf}$ 特性，図 9.12 に外部磁束 Φ の変化に対する V_{rf} の変化を示す．

SQUID の磁束分解能は 4.2 K で $10^{-4} \sim 10^{-5}\ \Phi_0/\sqrt{\mathrm{Hz}}$ であり，磁束を検出するピックアップコイルを含めたシステムとしての磁束密度の分解能は $10^{-12} \sim 10^{-14}$ $\mathrm{T}/\sqrt{\mathrm{Hz}}$ となる．

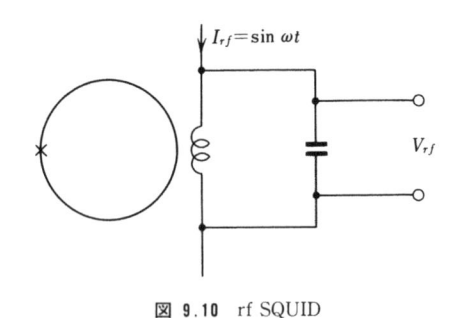

図 9.10 rf SQUID

図 9.11 rf SQUID の V_{rf}-I_{rf} 特性

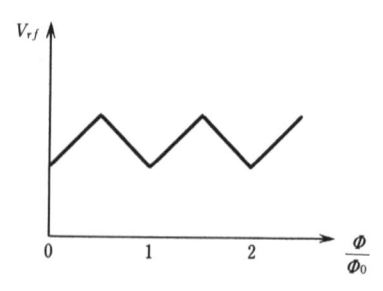

図 9.12 rf SQUID の電圧と外部磁束との関係

9.3 磁化率の測定

9.3.1 磁性体の性質

比透磁率 μ_r の磁性材料が磁界中に置かれると

$$B = \mu_0 H + M \tag{9.49}$$

または

$$B = \mu_r \mu_0 H \tag{9.50}$$

の関係より

$$\mu_r \mu_0 H = \mu_0 H + M \tag{9.51}$$

が得られる．したがって

$$\mu_r \mu_0 = \mu_0 + \frac{M}{H} \tag{9.52}$$

または

$$\mu_r \mu_0 = \mu_0 + \chi_m \tag{9.53}$$

すなわち

$$\mu = \mu_0 + \chi_m \tag{9.54}$$

と書ける．ここで H〔A/m〕は磁界，$\mu_0 = 4\pi \times 10^{-7}$〔H/m〕は真空透磁率，$B$〔Wb/m²〕は磁束密度，$M$〔A·m²〕は磁化の強さ，$\chi_m = M/H$〔H/m〕は磁化率，$\mu = \mu_r \mu_0$〔H/m〕は材料の透磁率である．

反磁性体（diamagnetic material）では χ_m は小さく，$\chi_m < 0$ である．そのため μ_r は1よりわずかに小さい．χ_m は温度や磁界の強さに依存しない．

常磁性体（paramagnetic material）では χ_m は小さく，$\chi_m > 0$ である．そのため μ_r は1よりわずかに大きい．この場合も χ_m は磁界の強さ H に依存しないが，温度は**キュリーの法則**（Curie law）

$$\chi_m = \frac{C}{T} \tag{9.55}$$

で変化する．T〔K〕は絶対湿度で，C は**キュリー定数**である．

強磁性体 (ferromagnetic material) では χ_m は非常に大きく，$\chi_m > 0$ である．そのため μ_r も非常に大きい．χ_m は湿度と磁界に強く依存する．臨界温度 T_f より上では強磁性体は常磁性体となり χ_m は小さくなる．T_f は強磁性体のキュリー温度とも呼ばれる．T より十分上だと磁化率は

$$\chi_m = \frac{C}{T - T_P} \tag{9.56}$$

の**キュリー・ワイスの法則** (Curie-Weiss law) に従う．ここで C はキュリー定数で T_p は常磁性体のキュリー温度である．T_p は T_f より 20〔K〕だけまたはそれより高い温度である．

9.3.2 天秤を用いた磁化率の測定

図 9.13 に示すように，一様な磁界中に磁化率を測定したい試料を挿入し，天秤とのつりあいから磁化率を測定する方法である．

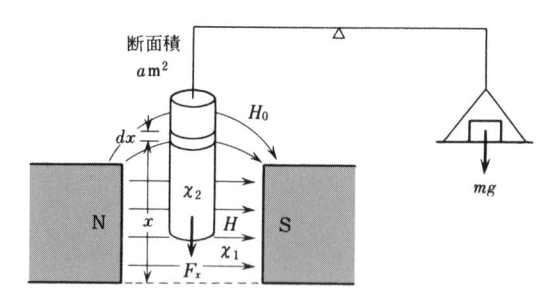

図 9.13 天秤を用いた磁化率の測定

図 9.13 に示すように，断面積 $a\,\mathrm{m}^2$ の試料を磁石 NS からできている磁場 H に挿入する．H は強い磁場で一様である．さらに磁石の上部には磁石からの磁場のもれ H_0 がある．H_0 は弱い磁場である．試料の磁化率を χ_2 とし，磁石ででる空気中の磁場の磁化率を χ_1 とする．いま試料の微小部分 dx にかかる力 dF_x は次のように書ける（この式の導出は練習問題［4］参照）．

$$dF_x = \frac{1}{2}(\chi_2 - \chi_1)\frac{dH^2}{dx}a\,dx$$

$$= \frac{1}{2}(\chi_2 - \chi_1) a d(H^2) \quad [\text{N}] \tag{9.57}$$

$\chi_2 > \chi_1$ のとき力は下向きである．垂直方向にこの円筒の試料棒に働く全部の力 F_x は

$$F_x = \frac{1}{2}(\chi_2 - \chi_1) a \int_{H_0}^{H} d(H^2) = \frac{1}{2}(\chi_2 - \chi_1) a (H^2 - H_0^2) \quad [\text{N}] \tag{9.58}$$

これが天秤 mg とつりあい，

$$\frac{1}{2}(\chi_2 - \chi_1) a (H^2 - H_0^2) = mg \tag{9.59}$$

となる．普通 H_0 は H と比べて非常に小さく無視できる．同様に χ_1 は空気中での磁化率で χ_2 と比べて小さく無視できる．したがって

$$\frac{1}{2} \chi_2 a H^2 = mg \tag{9.60}$$

と近似できる．H はすでにわかっているので，式 (9.60) より χ_2 が求まる．χ_2 がわかれば

$$\mu_2 = \mu_0 + \chi_2 \tag{9.61}$$

より，この試料の透磁率 μ_2 も求まる．

9.4 磁性材料の磁化特性の測定

磁性材料中の磁束密度 $B[\text{Wb/m}^2]$ と磁界の強さ $H[\text{A/m}]$ の関係を表す曲線を**磁化特性（B-H 曲線）**という．たとえば**軟磁性材料** (soft magnetic materials) の B-H 曲線を描くと図9.14のようになる．

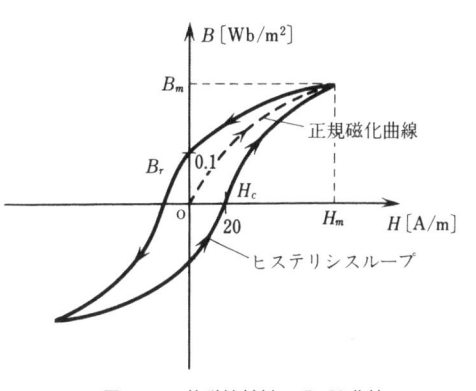

図 9.14 軟磁性材料の B-H 曲線

図9.14からわかるように，B-H曲線は**正規磁化曲線**(normal magnetization curve)と**ヒステリシスループ**(hysteresis loop)からなる．B_rは$H=0$の時のBの値で**残留磁気**(residual magnetism)で，H_cは$B=0$のときのHの値で**保磁力**(coercive force)とよばれる．軟磁性材料の場合$B_r=0.1$〔Wb/m²〕，$H_c=20$〔A/m〕程度で，$B_m=1.5$〔Wb/m²〕で飽和するがその時の磁界の強さは$H_m=300$〔A/m〕程度である．初透磁率μ_2は正規磁化曲線の最初の傾斜より次のように求める．

$$\mu_2 = \left[\frac{dB}{dH}\right]_{H=0} \tag{9.62}$$

また最大透磁率μ_mは正規磁化曲線の最後の傾斜より

$$\mu_m = \left[\frac{dB}{dH}\right]_{H=H_m} \tag{9.63}$$

として求められる．

次に図9.15に**硬磁性材料**(hard magnetic materials)のB-H曲線を示す．

硬磁性材料では残留磁気B_rは0.4〜1.6〔Wb/m²〕で，保持力H_cは200〜1500〔A/m〕程度である．

図9.14，図9.15のヒステリシスの面積より，直流の場合は鉄心の**ヒステリシス損**，交流の場合は鉄心の**うず電流損**が求まる．

以下直流によるB-H曲線，交流によるB-H曲線の求め方について述べる．

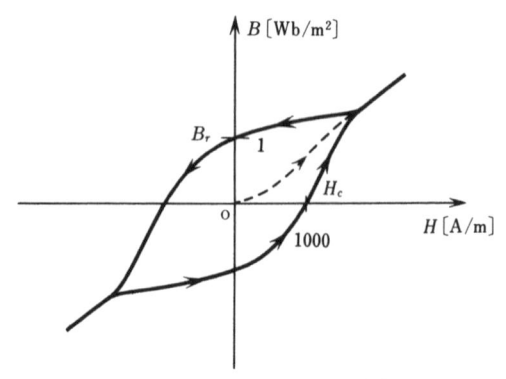

図9.15 硬磁性材料のB-H曲線

9.4.1 環状試料を用いた直流磁化特性の測定

磁化特性を得るとき，図 9.16 に示すように環状試料を用いる．棒状の試料を用いる場合無限長にしないと試料内の磁束密度は一様にすることはできない．なぜなら，有限長だとその端部に磁極ができてしまうからである．環状試料を用いると磁束密度は一様になる．この環状試料と衝撃検流計を用いて B-H 曲線を得る方法が図 9.16 である．なお，環状試料には巻数 N_1 の 1 次コイルと巻数 N_2 の 2 次コイルを巻く．

測定を始める前に環状試料の残留磁気を消去しなければならない．そのために以下の消磁方法をとる．

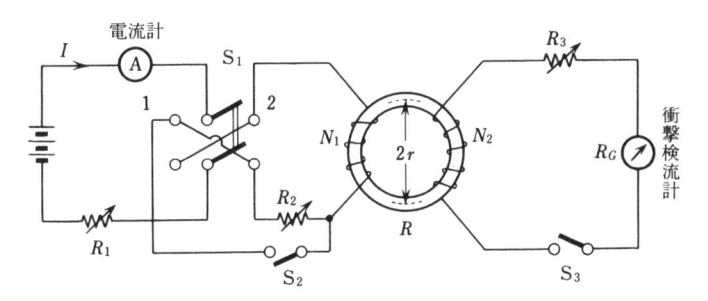

図 9.16 環状試料を用いた直流磁化特性の測定

まず衝撃検流計をつないだ状態で右側 2 次コイルをオープンにしておく．この状態でスイッチを 1 または 2 に倒して電流の向きを何回か反転させる．同時に初期磁化電流 I を可変抵抗 R_1 によって徐々にゼロにする．これで残留磁気が消去できた．

次に B-H 曲線の求め方を説明する．図 9.16 のように衝撃検流計を接続して，左側 1 次コイル側のスイッチを 1，2 と反転させる．このとき環状試料内を通る磁束の変化は 2Φ となる．すなわち，磁束密度 B も 2 倍変化する．したがって，このときの衝撃検流計の最大の振れを θ_m とすれば

$$B = \frac{R}{2kN_2 A}\theta_m, \quad R = R_3 + R_G \tag{9.64}$$

である．ここで k は衝撃検流計の衝撃定数である．A は環状試料の断面積であ

る．

また環状試料内の磁界の強さを $H[\mathrm{A/m}]$ とすれば，**ビオ・サバールの法則**(Biot-Savart law)により，

$$\oint H ds = N_1 I \tag{9.65}$$

となるから，

$$H \cdot 2\pi r = N_1 I \tag{9.66}$$

で

$$H = \frac{N_1}{2\pi r} I \tag{9.67}$$

と求まる．

R_1 の抵抗を変化させて電流 I を変化させれば式(9.67)より H が求まる．同時にこのときの衝撃検流計の最大の振れ θ_m より式(9.64)から B が求まる．このように電流 I を変えて，H, B が求まるから図9.17の正規磁化曲線 oa が求まる．すなわち S_2 を閉じて S_1 を1に倒して S_3 を閉じ，磁界 H が最大値 H_m になるように電流 I を定める．このようにして a 点が定まる．次に S_2 を開くと電流 I は減少し，磁界も減少し H_1 になる．この点を b とする．この時の衝撃検流計

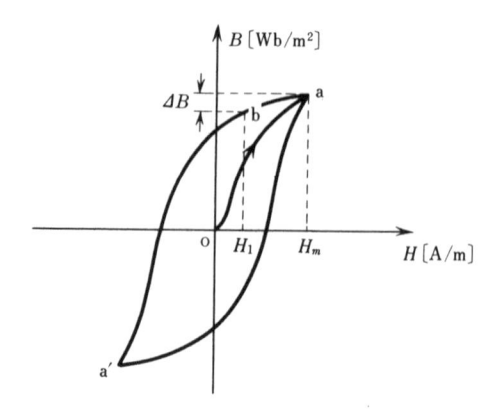

図 9.17　衝撃検流計を用いた B-H 曲線の求め方

の振れから $\varDelta B$ なる磁束密度の変化が測定される．次に再び状態を a 点に戻し，I を変化させて同様の測定を繰り返せばヒステリシスループ aa′a が得られる．

9.4.2 透磁率計を用いた直流磁化特性の測定

前項 9.4.1 の環状試料では試料を環状にしなければならないので大変である．図 9.18 の**透磁率計法**（permeameter method）は棒状，板状試料を用いる．試料の両端部の磁力を減ずるために，両端部を高透磁率の継鉄で短絡し，両端部に補償コイルを用いる．このようにすると，無限長の棒状または板状試料と等価となる．

いま R を継鉄の磁気抵抗，R_s を継鉄と試料との接触面の磁気抵抗，R_0 を試料の磁気抵抗とする．磁化コイルの巻き数を N，それに流す電流を I，試料の長さを l，断面積を A，透磁率を μ とする磁路内の磁束 $\varPhi$ は以下のように求まる．

透磁率計の等価回路を図 9.19 に示す．

図 9.19 より

$$I = \frac{V_e}{R_0 + R + R_s} \tag{9.68}$$

が求まる．

ここで，

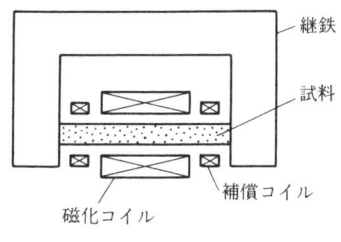

$$\begin{aligned} I &\to \varPhi \quad [\text{Wb}] \\ V_e &\to NI \quad [\text{A}\cdot\text{T}] \end{aligned} \tag{9.69}$$

図 9.18 透磁率計法による磁化特性の測定

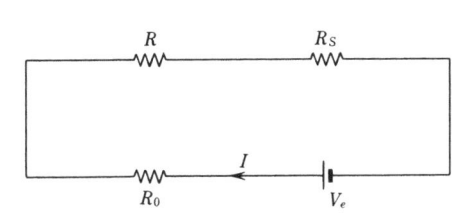

図 9.19 透磁率計の等価回路

$$R_0 \rightarrow \frac{l}{\mu A} \quad [\mathrm{H}^{-1}]$$

と置き換えて，磁束 Φ は

$$\Phi = \frac{NI}{\dfrac{l}{\mu A} + R + R_s} \tag{9.70}$$

と求まる．磁束密度 B は

$$B = \mu H$$
$$= \frac{\Phi}{A} \quad [\mathrm{Wb/m^2}] \tag{9.71}$$

と書けるから，H は

$$H = \frac{\Phi}{\mu A} \tag{9.72}$$

となる．

式 (9.70)，(9.72) より Φ を消去して，H は

$$H = \frac{NI}{l + \mu A (R + R_s)} \quad [\mathrm{A/m}] \tag{9.73}$$

と求まる．

$$l \gg \mu A (R + R_s) \tag{9.74}$$

なので式 (9.73) は近似して

$$H = \frac{\dfrac{NI}{l}}{1 + \dfrac{\mu A (R + R_s)}{l}} \fallingdotseq \frac{NI}{l}\left(1 - \frac{\mu A (R + R_s)}{l}\right)$$

$$= \frac{NI}{l} - \frac{NI \mu A (R + R_s)}{l^2} \tag{9.75}$$

と書ける．補償コイルを用いて式 (9.75) の右辺の第 2 項を打ち消して，

$$H = \frac{NI}{l} \tag{9.76}$$

と求めることができる．これは式 (9.67) で $l = 2\pi r$ と置けば全く同じである．このようにして有限の棒状または板状試料を用いて環状試料と同じ条件を作り

出すことができる．

9.4.3 オシロスコープを用いた交流磁化特性の測定

オシロスコープを用いて環状試料のヒステリシスループを観測することができる．図 9.20 にその原理図が描いてある．

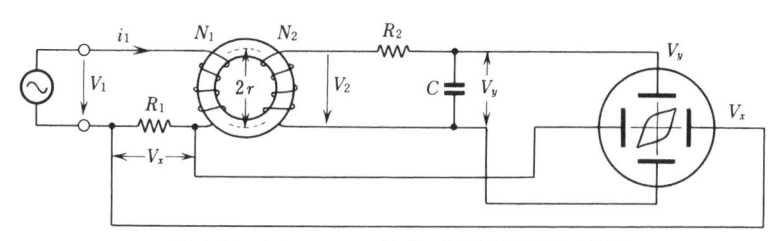

図 9.20 オシロスコープを用いた交流磁化特性の測定

電流 i_1 が 1 次側のコイルに流れ環状試料を磁化する．抵抗 R_1 で電圧降下 V_x が生じる．

$$V_x = i_1 R_1 \tag{9.77}$$

ところで，

$$H = \frac{N_1 i_1}{2\pi r} \tag{9.78}$$

より，式 (9.77)，(9.78) より i_1 を消去して，

$$V_x = \frac{2\pi r R_1}{N_1} H \tag{9.79}$$

が得られる．

2 次側コイルには環状試料の磁束の変化に比例して電圧 V_2 が生じる．すなわち，

$$V_2 = N_2 \frac{d\Phi}{dt} \tag{9.80}$$

である．また V_y は R_2 と C の積分回路から，

$$V_y = \frac{1}{CR_2} \int V_2 dt \tag{9.81}$$

が得られる．

式 (9.80)，(9.81) より V_2 を消去して，

$$V_y = \frac{N_2}{CR_2} \int \frac{d\Phi}{dt} dt$$

$$= \frac{N_2}{CR_2} \Phi \tag{9.82}$$

と求まる．磁束 Φ は試料の断面積 A と磁束密度 B の積

$$\Phi = AB \tag{9.83}$$

となる．式 (9.82)，(9.83) より Φ を消去して，

$$V_y = \frac{N_2 A}{CR_2} B \tag{9.84}$$

が得られる．

式 (9.79) よりオシロスコープ水平偏向板 V_x は

$$V_x \propto H \quad [\text{A/m}] \tag{9.85}$$

で磁界 H に比例し，式 (9.84) より垂直偏向板 V_y は

$$V_y \propto B \quad [\text{wb/m}^2] \tag{9.86}$$

で磁束密度 B に比例する．このようにして，式 (9.85)，(9.86) よりオシロスコープで B-H 曲線が観測できる．

9.5 鉄損の測定

ヒステリシス損とうず電流損からなる**鉄損**は前節 9.4 の磁化特性（B-H 曲線）からその面積で求められるが，ここでは電力計法による鉄損の直接測定と，ヒステリシス損とうず電流損の分離について述べる．

9.5.1 電力計法による鉄損の直接測定

図 9.21 の図で電力計 W の読みから鉄損を，電圧計 V_2 の読みから最大磁束密度を求める．

9.5 鉄損の測定

今，1次側コイルの巻き数 N_1，2次側コイルの巻き数 N_2 を等しくおいて，$N_1=N_2=N$ とする．また電力計の内部抵抗 R_W，電圧計の内部抵抗 R_V とすれば，電力計 W と電圧計 V が並列につながれているのでそれらの内部抵抗の合成抵抗 R_P は

$$R_P = \frac{R_V R_W}{R_V + R_W} \tag{9.87}$$

と書ける．

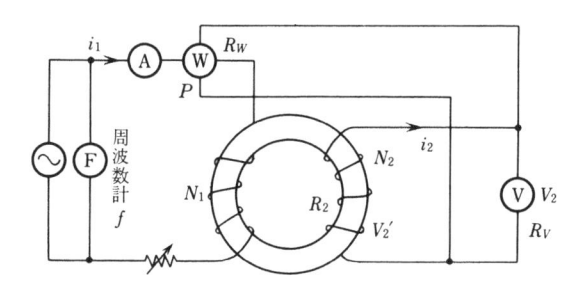

図 9.21 電力計法による鉄損の直接測定

正弦波で振動する磁束

$$\Phi = \Phi_0 \sin \omega t \tag{9.88}$$

に対して，2次側コイルの電圧 $V_2'(t)$ を求める．

$$V_2'(t) = N\frac{d\Phi}{dt} = N\Phi_0 \omega \cos \omega t \tag{9.89}$$

となる．$V_2'(t)$ の実効値を求めると，

$$V_2'(t) = \frac{\omega}{\sqrt{2}} N\Phi_0 = \frac{2\pi}{\sqrt{2}} fN\Phi_0 \tag{9.90}$$

となる．ところで V_2' は

$$V_2' = V_2 + i_2 R \tag{9.91}$$

となる．ここで R は2次側コイルの抵抗 R_2 と式 (9.87) の R_P の和となる．すなわち，

$$R = R_2 + R_P \tag{9.92}$$

である．式 (9.91)，(9.92) より，

$$V_2' = V_2\left(1 + \frac{R}{R_P}\right) \tag{9.93}$$

と書ける．なお R_P は

$$R_P = \frac{V_2}{i_2} \tag{9.94}$$

である．式 (9.90) と (9.93) を等しくおいて，

$$\frac{2\pi}{\sqrt{2}} fN\Phi_0 = V_2\left(1 + \frac{R}{R_P}\right) \tag{9.95}$$

となる．断面積 A の試料に対して最大磁束密度 $B_m = \Phi_0/A$ より，式 (9.95) から

$$B_m = \frac{1 + \dfrac{R}{R_P}}{\dfrac{2\pi}{\sqrt{2}} fNA} V_2 \tag{9.96}$$

と求まる．

次に鉄損を求める．ヒステリシス損を P_H，うず電流損を P_E とすると，その和を P_I として，

$$P_I = P_H + P_E \tag{9.97}$$

と書く．電圧計と電力計の和の損失を P_2 とすれば今損失 P は

$$P = P_I + P_2 = P_I + \frac{V_2^2}{R_P} \tag{9.98}$$

と書ける．したがって，鉄損 P_I は式 (9.98) より，

$$P_I = P - \frac{V_2^2}{R_P} \tag{9.99}$$

と求まる．ここで P は電力計の読みである．

この方法は**エプスタイン装置**（Epstein configuration）に応用される．すなわち，図 9.21 の環状試料のところにコイル内に二重に重ね接合した鉄板を用い磁化を均一にする．50 cm エプスタイン装置では試料の大きさ 50 cm×3 cm で重さ 10 kg，25 cm エプスタイン装置では試料の大きさ 28 cm×3 cm で重さ 2 kg

のものが使用される．このエプスタイン装置はけい素鋼板の商用周波数での測定に用いられる．

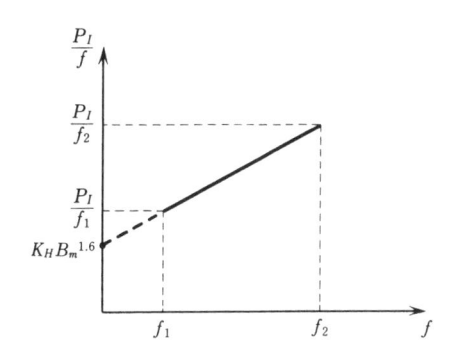

9.5.2 ヒステリシス損とうず電流損の分離

前項9.5.1の式（9.97）で鉄損 P_I はヒステリシス損 P_H とうず電流損 P_E の和で表された．ここではこのヒステリシス損とうず電流損の分離について考える．

スタインメッツ（Steinmetz）の式よりヒステリシス損 P_H は

$$P_H = K_H B_m^{1.6} f \qquad (9.100)$$

と書ける．ここで f は周波数で B_m は最大磁束密度である．なお K_H は比例定数である．

ところで導体内ではうず電流が流れ，うず電流損 P_E は

$$P_E = K_E t^2 B_m^2 f^2 \qquad (9.101)$$

と書ける．ここで K_E は比例定数で t は磁性材料の厚さである．したがって全損失 P_I は

$$\begin{aligned} P_I &= P_H + P_E \\ &= K_H B_m^{1.6} f + K_E t^2 B_m^2 f^2 \end{aligned} \qquad (9.102)$$

と書ける．式（9.102）の両辺を f で割って，

図 9.22 ヒステリシス損とうず電流損の分離

$$\frac{P_I}{f} = K_H B_m^{1.6} + K_E t^2 B_m^2 f \tag{9.103}$$

として，図 9.22 のように P_I/f 対 f をプロットする．

図 9.22 の直線で y 軸の P_I/f の y 切片よりヒステリシス損の項 $K_H B_m^{1.6}$，直線の傾きよりうず電流損の項 $K_E t^2 B_m^2$ が求まる．このように周波数を変えればヒステリシス損とうず電流損が分離できる．一例として，$f_1 = 40$ Hz, $f_2 = 60$ Hz が用いられている．

練 習 問 題

[1] 式 (9.11) より (9.12) の単振動の式が得られることを示せ．
[2] 衝撃検流計と普通の検流計の違いについて述べよ．
[3] dc SQUID と rf SQUID の違いについて述べよ．
[4] 式 (9.57) を導け．
[5] 軟磁性材料と硬磁性材料の違いを B-H 曲線より説明せよ．
[6] オシロスコープを用いた交流磁化特性の測定で注意すべき点を述べよ．
[7] ヒステリシス損とうず電流損の分離の方法について述べよ．

10 記録計と波形測定

　記録計(recorder)は計測の結果である測定値を記録または表示するための装置で，たとえば**グラフ記録計**(graph recorder)，**オシロスコープ**(oscilloscope)などがある．この章では初めグラフ記録計について述べ，後でオシロスコープ，**スペクトラムアナライザ，波形分析**について述べる．

10.1　グラフ記録計

　グラフ記録計には**ガルバノメータ記録計**（galvanometer recorder），**自動平衡記録計**（self-balancing recorder），X-Y **記録計**（X-Y recorder）の3種類がある．ガルバノメータ記録計はしばしば**直動式記録計**（direct-writing recorder）と呼ばれている．これらの記録計は検出器またはセンサから電気信号をうけて，それらの振幅の値をグラフ用紙に記録する．
　ガルバノメータ記録計と自動平衡記録計の記録紙には**円形記録紙**（circular chart），**帯形記録紙**（strip chart）がある．
　円形記録紙は図10.1に示すようなもので，1日に1回転するものが多い．
　たとえば，1日の温度変化などを記録するのに用いられる．同心円が温度の目盛になっていて，記録計のペンが円弧に沿って動く．図10.1に示すように，この円弧が1日24時間の時間目盛となっている．この円形記録紙は一定速度で回転しているので，円弧と円弧の間の角度位置が経過した時間を示し，ペンの半径方向の位置が測定したい温度の瞬時値を示す．
　帯形記録紙は図10.2に示すように長い巻紙である．一定速度で紙が送り出され，ペンは紙の動く方向と直角に測定値を記録する．

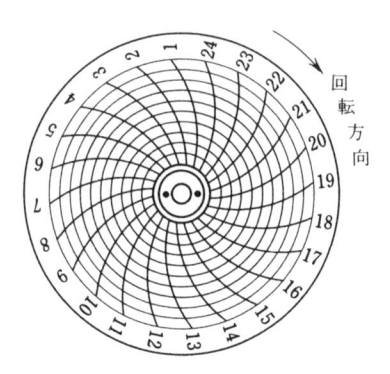

図 10.1 円形記録紙と回転方向

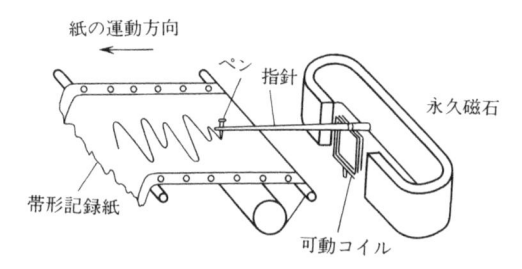

図 10.2 ガルバノメータ記録計と帯形記録紙

　記録方式には**ペン方式**と**打点方式**とがある．ペンで記録する場合，インクペンとインクつぼを用いる．この方法は非常に簡単で安価であるが，いくつかの欠点がある．たとえば，ペン先がこわれやすかったり，インクつぼとペン先を結ぶ導送管がすぐに乾燥したりする．インクを用いない方法として**熱ペン方式**がある．これは電流が針の先端を流れ，その針を熱し，その熱は特別な感熱紙の上に溶痕を残し記録する方法である．別のインクを用いない方法として，感光紙または感圧紙を用いる方法がある．しかし，これらインクを用いない記録方式の欠点は，その構造がインクペン方式より複雑で，記録紙が非常に高価につくという点である．

　図10.2のようなペン方式では，ペンを常時記録紙において連続的に測定値を

記録するが，打点方式では，ある時間間隔で点で記録する．打点方式はペン方式と違い記録紙とペン先との摩擦を除ける利点がある．

10.1.1 ガルバノメータ記録計

ガルバノメータ記録計（または**直動式記録計**）は直流用では図 10.2 に示されるように，基本的には永久磁石可動コイル型計器の運動と同じで，可動コイルに指針がマウントされていて，その指針の先のペンで記録する．したがって，この方式は第 1 章の 1.2.2 項で述べた**偏位法**に相当する．交流用では電流力計型計器が用いられる．記録紙としては普通図 10.2 のように帯形記録紙が用いられる．

このガルバノメータ記録計の特徴は，周波数応答がはやいということと，マルチチャネルの出力が可能であるという点である．たとえば，36 チャネルの出力も可能となる．これによって病院患者の体温，血圧，呼吸などを同時に記録することが可能である．普通のガルバノメータ記録計の最大周波数応答はおよそ 100 Hz (10 ms) である．これは小さいペンが一往復する時間に相当する．最大感度は 1 cm 当たり 10 mV 程度で，入力インピーダンスは 100 kΩ かまたはそれ以上である．目盛の精度はフルスケールの ±1.0 ％から ±2.0 ％程度である．指針とペンの代わりに光ビームを使用する特別なガルバノメータ記録計があるが，これの周波数応答はおよそ 13 kHz に達する．この光ビームを用いたガルバノメータ記録計を図 10.3 に示す．

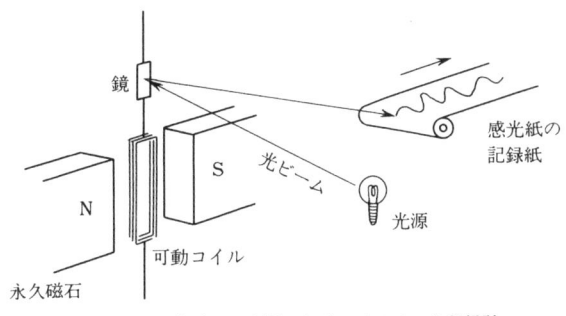

図 10.3 光ビームを用いたガルバノメータ記録計

10.1.2 自動平衡記録計

ガルバノメータ記録計が偏位法であるのに対して，**自動平衡記録計**は零位法である．たとえば，図 10.4 の電圧自動平衡記録計では，直流入力電圧 V_i と電位差計の電圧 V_s との電位差として，V_i-V_s が**誤差検出器**で検出され，交流に変換され増幅器を通る．増幅によって振幅の信号が十分大きくなりサーボモータを回転させる．サーボモータが回転するとシャフトが動き，それによって電位差計の電圧 V_s も変化する．V_s が V_i に等しくなったとき，誤差検出器からの誤差信号 V_i-V_s は零となる．このとき増幅器への入力は零となりサーボモータを停止させる．したがって図 10.4 のように，シャフトにペンを連結させておけば，停止したペンは入力電圧 V_i を正確に記録する．

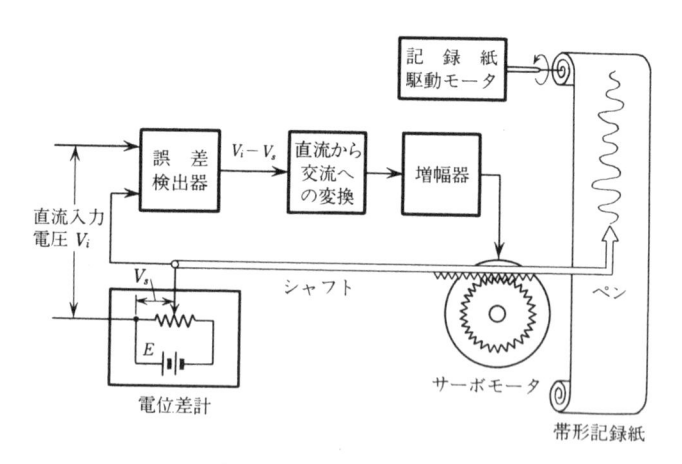

図 10.4 電圧自動平衡記録計

インピーダンス自動平衡記録計はサーボモータを用いていて，基本的には電圧自動平衡記録計と同じである．電圧自動平衡記録計が電位差計を用いるのに対して，インピーダンス自動平衡記録計は図 10.5 に示すようにブリッジを用いてインピーダンスの平衡をとる．いま測定量 R_x によってインピーダンスが不平衡だと，それによって生じる不平衡電圧が増幅されてサーボモータを動かす．サーボモータが動くとそれと連結されているシャフトが動き，すべり抵抗 R_s でブ

リッジの平衡がとられてサーボモータは停止し，測定値が記録される．

このインピーダンス自動平衡記録計の感度は非常に高く，±0.1％以内の高精度である．信号電圧は1mVから100Vまで読みとることができる．最大周波数応答は5Hzと低い．

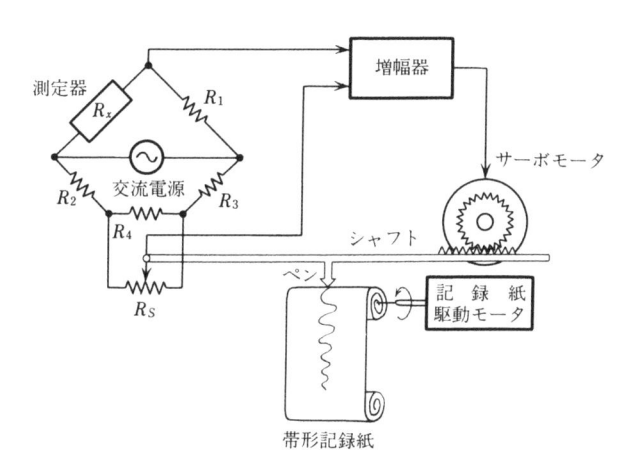

図 10.5 インピーダンス自動平衡記録計

10.1.3　X-Y 記録計

いままで述べてきたガルバノメータ記録計と自動平衡記録計では，ペンはパルスモータで駆動している記録紙の上を記録紙の運動方向と直角方向に動いて測定値を記録していたが，**X-Y 記録計**では記録紙の運動方向，それと直角方向同時に動いて記録する．すなわち，直角座標系の X 軸と Y 軸の変数 x, y が $y=f(x)$ の関数で記録される．図10.6に示すように X-Y 記録計は二つの自動平衡記録計から構成されている．

X-Y 記録計は広い範囲に応用される．たとえばダイオード，トランジスタの電流-電圧 (I-V) 特性，磁性材料の B-H 曲線，掃引周波数発振器からの電圧対周波数プロット等である．

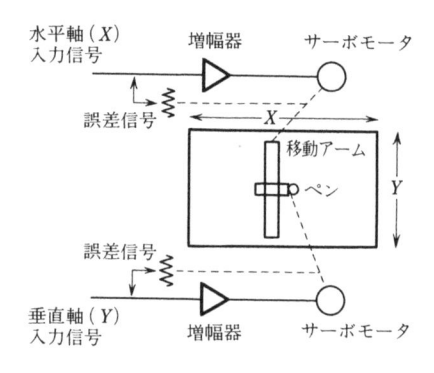

図 10.6　X-Y 記録計

10.2　オシロスコープ

いままで述べてきたガルバノメータ記録計，自動平衡記録計，X-Y 記録計は 5～100 Hz 程度までの周波数応答しかなかった．これはペンの運動の速さによって制限された．もっと早い現象をみるのに**電磁オシログラフ**（oscillograph）がある．これは図 10.3 のように，磁界中に置かれた可動コイル部分に電流を流し，可動部に反射鏡が付いていて，その反射鏡のふれを光学的に記録するものであるが，これは 13 kHz 以下の信号を検出することができる．

もっと早く変化する電気現象を目でみえるようにした装置が**陰極線オシロスコープ**（cathode ray oscilloscope）または簡単にオシロスコープと呼ぶ．**シンクロスコープ**（synchroscope）はオシロスコープの進歩したもので，トリガ掃引オシロスコープともよばれる．オシロスコープは普通 500 MHz までの信号を検出記録することができる．さらに高い周波数の電気現象は**サンプリングオシロスコープ**（sampling oscilloscope）が使用される．このサンプリングオシロスコープでは数 GHz までの繰り返し信号を検出記録することができる．

10.2.1　オシロスコープの動作と原理

オシロスコープの構造を図 10.7 に示す．

10.2 オシロスコープ

オシロスコープはブラウン管を用いて，高真空のガラスバルブ内で，ヒータによって加熱されカソード (cathode) が放出された熱電子群が加速電極，第1陽極(集束電極)，第2陽極から構成されている電子レンズによって集束されて電子ビームとなる．この電子ビームは垂直偏向板と水平偏向板によってそれぞれ垂直方向，水平方向に偏光され，ブラウン管の蛍光面上にあたり発光させる．

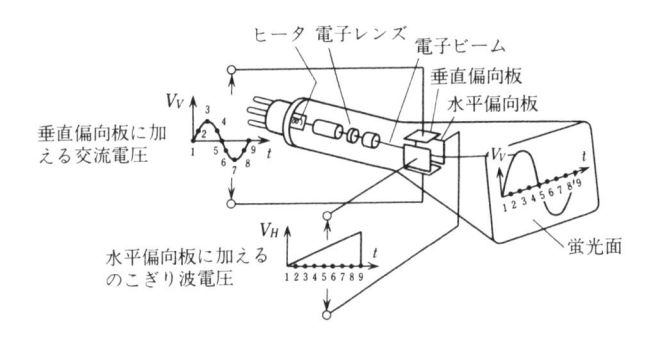

図 10.7 オシロスコープの構造

オシロスコープは水平方向である X 軸に時間経過を，垂直方向である Y 軸に電圧を表示する．たとえば，Y 軸方向の垂直偏向板に外部交流電圧だけを加えれば零を中心に Y 軸方向に単振動する縦線だけが観測される．これでは時間とともに電圧がどのように変化しているのかわからないので，図10.7に示すように，水平偏向板にのこぎり波の電圧を繰り返して加えれば蛍光面上に Y 軸に電圧 V_V，X 軸に時間 t の関係が求められ，現象波形の時間とともに変化する様子がわかる．図10.7に示されているように垂直偏向板に加えられた交流電圧の1から9までの点は正確に水平偏向板に加えられたのこぎり波の1から9までの点に対応し，それによって偏向された電子ビームのふれ幅は蛍光面の波形の1から9までと正確に比例するように作られている．

10.2.2 オシロスコープを使っての電圧の測定

　一般に用いられるオシロスコープの入力インピーダンスは抵抗 1 MΩ と静電容量 20 から 80 pF の並列である．測定する信号の出力インピーダンスが高いとき，または大きい電圧波形を観測するときは普通 10 : 1 の**減衰プローブ**を使用する．そのほか 50 : 1，100 : 1 の減衰比で減衰するプローブを用いることもある．10 : 1 の減衰プローブを用いたオシロスコープの一例を図 10.8 に示す．

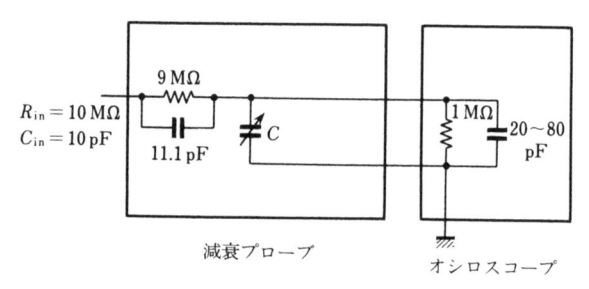

図 10.8　10 : 1 の減衰プローブを用いたオシロスコープ

　このように 10 : 1 の減衰プローブを用いればオシロスコープの入力抵抗 1 MΩ が入力抵抗 $R_{in}=10$ MΩ となり，入力静電容量は $C_{in}=10$ pF となる．可変コンデンサ C を用いて，図 10.9 に示すような**過補償，不足補償**の場合正しい波形に調整する．

　10 : 1 の減衰プローブを用いて交流電圧をオシロスコープで測定した結果，図 10.10 のようになった．

　交流電圧を測定する場合には AC-GND-DC の入力切換スイッチでグランド (GND) にして輝線の位置調整 (POSITION) で零線位置をきめる．図 10.10 のように中央で GND 線に合わせる．その後 AC にすれば図のように交流電圧波形が観測される．いま 1 目盛 0.01 V だとするとピークからピークまでの電圧 e_{p-p} は図から

$$e_{p-p}=0.01\times 4\times 10=0.4 \text{ V} \tag{10.1}$$

と求まる．ここで 4 倍しているのはピークからピークまで 4 目盛だからである．10 倍は 10 : 1 の減衰プローブを用いている理由による．ピーク電圧 e_p は式(10.1)

の e_{p-p} の半分だから

$$e_p = \frac{1}{2} e_{p-p} = 0.2 \text{ V} \tag{10.2}$$

と求まる．実効値電圧 e_{rms} は

$$e_{\text{rms}} = \frac{e_p}{\sqrt{2}} = 0.14 \text{ V} \tag{10.3}$$

と求まる．

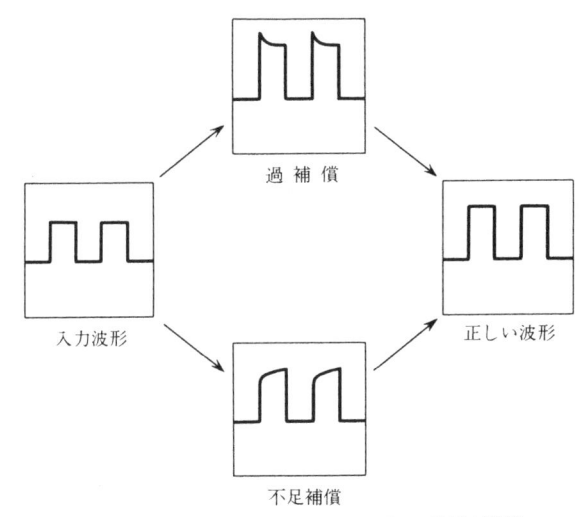

図 10.9 可変コンデンサを用いた正しい波形の調整

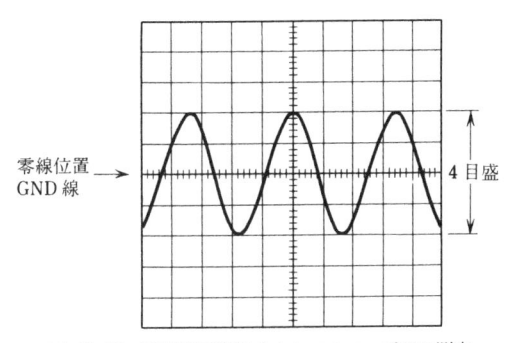

図 10.10 交流電圧波形のオシロスコープでの測定

次に直流電圧を測定する場合を考える．交流電圧を測定した時と同じように AC-GND-DC の入力切換スイッチを GND にして図 10.11 のように輝線の位置調整で零線位置をきめたとする．このとき 1 目盛 0.01 V だとすると，10 : 1 の減衰プローブを用いて観測された直流電圧 V_{dc} は

$$V_{dc} = 0.01 \times 3 \times 10 = 0.3 \text{ V} \tag{10.4}$$

と求まる．

直流成分に重量している交流脈動（リップル，ripple）を測定したい場合には入力切換スイッチを DC にする．図 10.12 のように直流成分と交流成分の全体の波形をみることができる．

図 10.12 で 1 目盛 0.01 V として，10 : 1 の減衰プローブを用いた場合，リッ

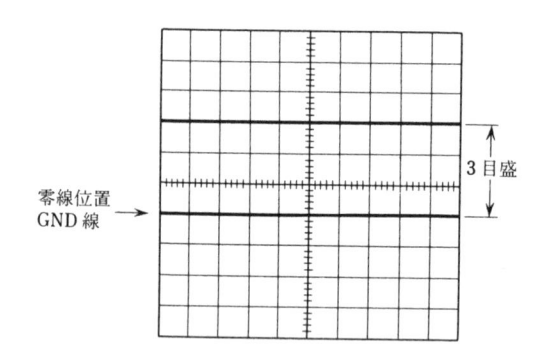

図 10.11 直流電圧のオシロスコープでの測定

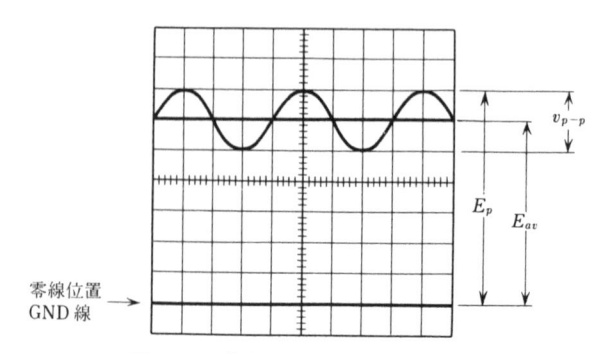

図 10.12 直流成分中のリップル電圧測定

プルのピークからピークまでの電圧 v_{p-p} は，

$$v_{p-p} = 0.01 \times 2 \times 10 = 0.2 \text{ V} \tag{10.5}$$

と求まる．E_p は GND 線上のピーク値で

$$E_p = 0.01 \times 7 \times 10 = 0.7 \text{ V} \tag{10.6}$$

となる．E_{av} は直流電圧で

$$V_{av} = 0.01 \times 6 \times 10 = 0.6 \text{ V} \tag{10.7}$$

である．

なおリップル電圧の振幅値が小さいときは，入力切換スイッチを AC に切り換えれば直流成分は消えて交流のリップル成分だけが GND 線上に表示される．これを拡大してみればよい．

10.2.3 オシロスコープを使っての周波数の測定

周波数 f〔Hz〕と周期 T〔s〕の間には

$$f = \frac{1}{T} \tag{10.8}$$

の関係がある．

図 10.13 の交流電圧の周期 T は，オシロスコープの掃引速度（sweep speed）が 1 目盛 10 μs なら，6 目盛より

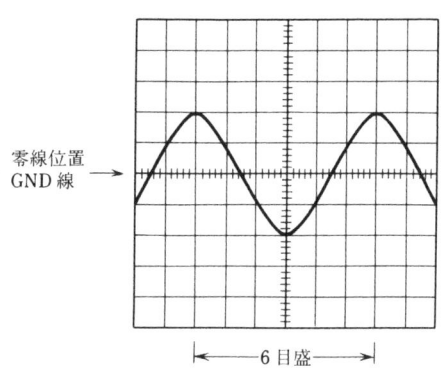

図 10.13 オシロスコープによる周波数の測定

$$T = 6 \times 10 \ \mu\text{s} = 60 \ \mu\text{s} \tag{10.9}$$

と計算できる．したがって，周波数 f〔Hz〕は式（10.8）より，

$$f = \frac{1}{T} = \frac{1}{60 \times 10^{-6}} = 16.67 \ \text{Hz} \tag{10.10}$$

と求まる．

リサージュ（Lissajous）**図形**を用いても周波数が測定できる．その方法を図 10.14 に示す．

図 10.15（a）のように水平軸に接する点の数は $n_h = 3$ で，垂直軸に接する点の数は $n_v = 1$ である．（b）では $n_h = 3$ で $n_v = 2$ である．この n_v と n_h を用いて測定したい周波数 f_x は既知の周波数 f_0 を用いて

$$f_x = \frac{n_h}{n_v} f_0 \tag{10.11}$$

と求まる．たとえば $f_0 = 10 \ \text{Hz}$ のとき，図 10.15（b）の場合は

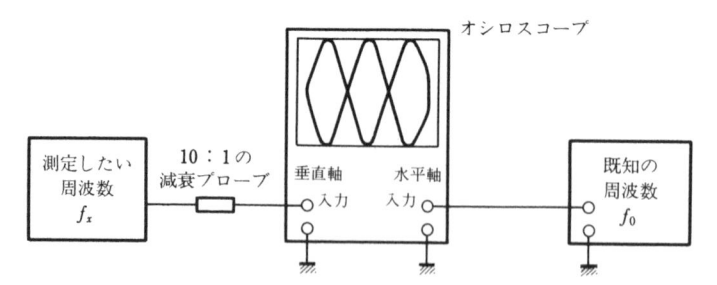

図 10.14 水平軸，垂直軸に接するリサージュ図形

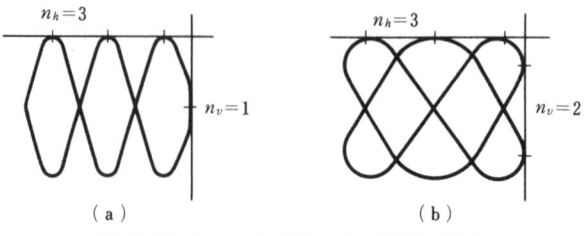

図 10.15 リサージュ図形による周波数の測定

$$f_x = \frac{3}{2} \times 10 = 15 \text{ Hz} \tag{10.12}$$

と求まる．このリサージュ図形の方法だと 0.001 % の精度で 0.01 Hz ごとに 0.01 Hz から 100 MHz までの周波数が測定できる．

10.2.4 オシロスコープを使っての位相の測定

図 10.16 に示すように，たとえば，増幅器の入出力間の二つの正弦波の位相差を測定する場合は **2 現象オシロスコープ**を用いる．正弦波をそれぞれ垂直軸 1，垂直軸 2 に入力して図 10.17 が得られたとする．

図 10.17 から水平軸の 1 目盛を 100 μs とする．正弦波の周期 T は 6 目盛で 1 周期だから

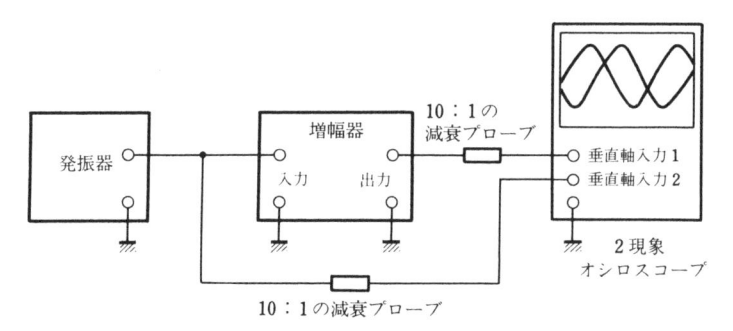

図 10.16 増幅器によって生じる位相差の測定

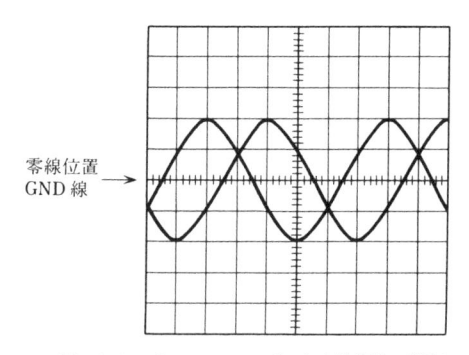

図 10.17 オシロスコープによる位相差の測定

$$T = 6 \times 100 \ \mu s = 6 \times 10^{-4} \ s \tag{10.13}$$

また二つの正弦波の位相の遅れ T_D は 2 目盛より

$$T_D = 2 \times 100 \ \mu s = 2 \times 10^{-4} \ s \tag{10.14}$$

となる．このとき位相差 θ は

$$\theta = \frac{T_D}{T} \times 360°$$

$$= \frac{2 \times 10^{-4}}{6 \times 10^{-4}} \times 360° = 120° \tag{10.15}$$

と求めることができる．

リサージュ図形を用いても位相差が測定できる．その構成図を図 10.18 に示す．

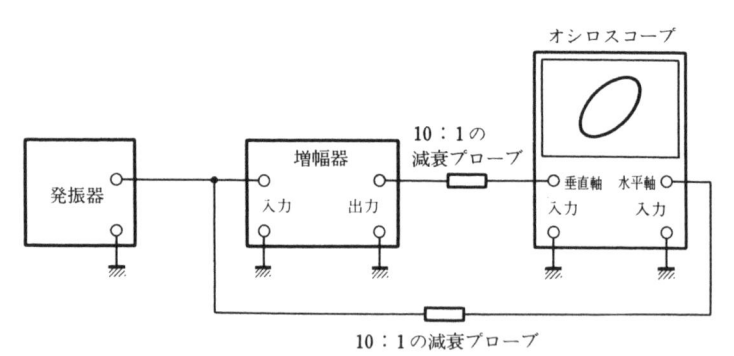

図 10.18 リサージュ図形による位相差の測定

水平軸と垂直軸にそれぞれ同じ周波数で位相の異なる次のような正弦波の電圧 e_x, e_y を印加する．

$$\begin{aligned} e_x &= E \sin \omega t \\ e_y &= E \sin(\omega t + \theta) \end{aligned} \tag{10.16}$$

電子ビームは e_x, e_y に比例して x 方向，y 方向に偏位するから，蛍光面上に現れる光点の座標 (x, y) は

$$\frac{x^2}{a^2} - \frac{2xy}{a^2} \cos \theta + \frac{y^2}{a^2} = \sin^2 \theta \tag{10.17}$$

となる．なお a は E に比例する．式(10.17)は楕円の式で図10.19のようになる．

式 (10.17) より $x=0$ の時 $y=b$ とすれば
$$y = a\sin\theta = b \tag{10.18}$$
より
$$\sin\theta = \frac{b}{a} \tag{10.19}$$
となり位相差 θ が求まる．これを図10.20に示す．

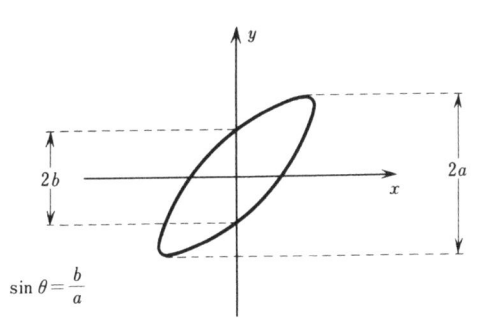

図 10.19 式 (10.17) の楕円の図形

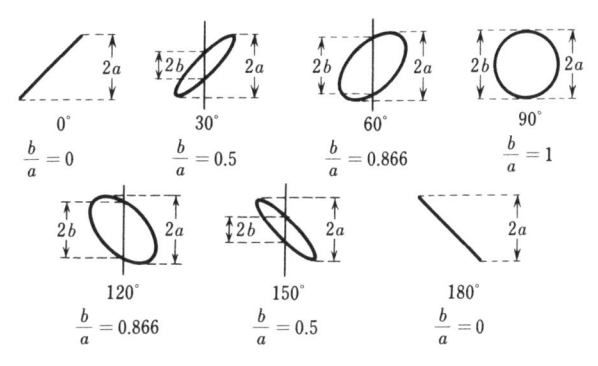

図 10.20 各種リサージュ図形による位相差の測定

10.2.5 オシロスコープを使ってのパルス波形の測定

図 10.21 のように正確な方形波をオシロスコープでみると入力方形波と同じにはならない．これは方形波が基本周波数と多くの高調波周波数を含んでいるからである．**フーリエ級数** (Fourier series) で基本周波数，高調波周波数を求められるがこれはこの章の最後に述べる．

図 10.21 の出力方形波の t_r は**立ち上がり時間** (rise time) で t_f は**立ち下がり時間** (fall time) と呼ぶ．t_r, t_f はそれぞれ 10 % から 90 % の振幅の間の時間である．50 % 振幅のところを**パルス幅**と呼ぶ．オシロスコープの時間は立ち上がり時間で決まる．オシロスコープの周波数帯域幅 B〔Hz〕とすると立ち上がり時間 t_r との間には

$$t_r = \frac{0.35}{B} \tag{10.20}$$

の関係がある．普通オシロスコープは 10 MHz，100 MHz の周波数帯域幅をもつ．したがって一例として 100 MHz オシロスコープの場合，立ち上がり時間 t_r は式 (10.20) より

$$t_r = \frac{0.35}{100 \times 10^6} = 3.5 \times 10^{-9} \mathrm{s} = 3.5 \ \mathrm{ns} \tag{10.21}$$

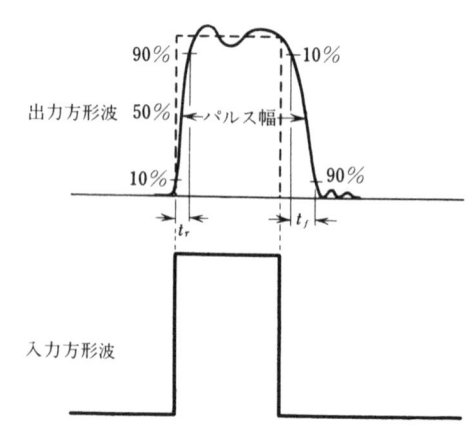

図 10.21 入力方形波をオシロスコープでみた出力方形波

と求まる.

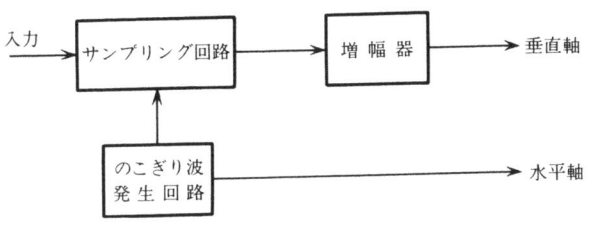

10.3 サンプリングオシロスコープ

普通のオシロスコープは MHz 領域の周波数バンド幅しかないが，**サンプリングオシロスコープ** (sampling oscilloscope) は 10 GHz までのバンド幅をもつ．したがって極めて高い周波数の信号を測定したり，非常に速いたとえば 0.5 ns またはそれより速い立ち上がり時間をもつ波形を観測することができる．

このサンプリングオシロスコープの方法は図 10.22 に示すような繰り返し波形の場合のみ適用できる．いま，幅 0.5 ns の波形が 1 ns，すなわち 1 GHz の周期で繰り返されているとする．このとき，のこぎり波（三角波）で図 10.22(a)

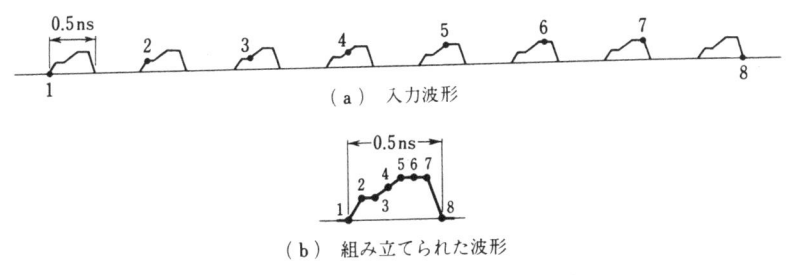

(a) 入力波形

(b) 組み立てられた波形

図 10.22 サンプリングオシロスコープの原理

図 10.23 サンプリングオシロスコープの回路構成

のように 1,2,…,8 とサンプルする．これを組み立てたのが図 10.22（b）である．これを増幅して垂直軸に入力する．サンプルするためののこぎり波は水平軸に入力する．この回路構成を図 10.23 に示す．

10.4 スペクトラムアナライザ

スペクトラムアナライザ（spectrum analyzer）または簡単にスペアナと呼ばれている波形分析器は特に**パルス変調**または**周波数変調**された波形を観測する

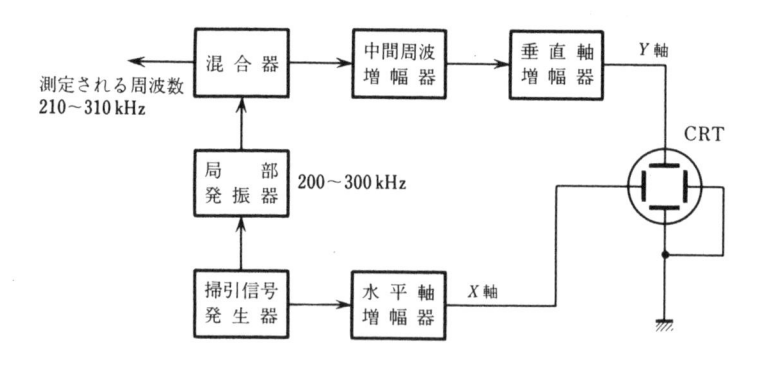

図 10.24 スペクトラムアナライザの回路構成

のに適している．この回路構成を図 10.24 に示す．

たとえば，中間周波数が 10 kHz であるとし，**局部発振器**（local oscillator）が 200 kHz から 300 kHz までの周波数を変化させると **CRT**（cathode ray tube）の蛍光面上には図 10.25 のように 210 kHz から 310 kHz までの波形が表示される．

一番左端が 210 kHz に相当し，右端が 310 kHz に相当する．その中央が 260 kHz に相当し，この水平軸が各周波数に対応する．なお垂直軸は入力信号に含まれる各周波数成分の大きさ，すなわちスペク

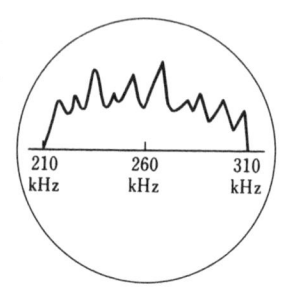

図 10.25 スペクトラムアナライザの画面上の波形

トルの大きさである振幅に相当する．このように普通のオシロスコープでは水平軸が時間で垂直軸が振幅であるのに対してスペクトラムアナライザは水平軸が周波数で垂直軸が振幅である．このようにスペクトラムアナライザは周波数スペクトルが表示されるのが特徴である．

10.5 波形分析

周期的な波形はすべて次のフーリエ級数で展開できる．

$$y(t) = a_0 + a_1 \cos\frac{2\pi t}{T} + b_1 \sin\frac{2\pi t}{T}$$
$$+ a_2 \cos\frac{4\pi t}{T} + b_2 \sin\frac{4\pi t}{T} + \cdots$$
$$= a_0 + \sum_{n=1}^{\infty} a_n \cos\frac{2n\pi t}{T} + \sum_{n=1}^{\infty} b_n \sin\frac{2n\pi t}{T} \tag{10.22}$$

周期関数 $y(t)$ は

$$y(t) = y(t+nT), \quad n = 0, \pm 1, \pm 2, \cdots \tag{10.23}$$

を満足する．

式 (10.22) の係数 a_0, a_n, b_n は次のように求まる（練習問題 [8]）．

$$a_0 = \frac{1}{T}\int_{-T/2}^{T/2} y(t)\,dt \tag{10.24}$$

$$a_n = \frac{2}{T}\int_{-T/2}^{T/2} y(t)\cos\frac{2n\pi t}{T}\,dt \tag{10.25}$$

$$b_n = \frac{2}{T}\int_{-T/2}^{T/2} y(t)\sin\frac{2n\pi t}{T}\,dt \tag{10.26}$$

式 (10.24), (10.25), (10.26) は以下の公式を用いて導かれる．

$$\int_{-T/2}^{T/2} \sin\frac{2n\pi t}{T}\,dt = 0 \tag{10.27}$$

$$\int_{-T/2}^{T/2} \cos\frac{2n\pi t}{T}\,dt = 0 \tag{10.28}$$

$$\int_{-T/2}^{T/2} \sin\frac{2\,m\pi t}{T} \cos\frac{2\,n\pi t}{T} dt = 0 \tag{10.29}$$

$$\int_{-T/2}^{T/2} \cos\frac{2\,m\pi t}{T} \cos\frac{2\,n\pi t}{T} dt = \begin{cases} 0 & m \ne n \\ \dfrac{T}{2} & m = n \end{cases} \tag{10.30}$$

$$\int_{-T/2}^{T/2} \sin\frac{2\,m\pi t}{T} \sin\frac{2\,n\pi t}{T} dt = \begin{cases} 0 & m \ne n \\ \dfrac{T}{2} & m = n \end{cases} \tag{10.31}$$

式(10.22)はまた

$$y(t) = c_0 + \sum_{n=1}^{\infty} |c_n| \sin\left(\frac{2\,n\pi t}{T} + \theta_n\right) \tag{10.32}$$

と書ける．ここで

$$c_0 = a_0,\quad |c_n| = \sqrt{a_n^2 + b_n^2},\quad \theta_n = \tan^{-1}\frac{a_n}{b_n} \tag{10.33}$$

である．c_n は**振幅スペクトル**で，θ_n は**位相スペクトル**である．波形の**ひずみ率** d は

$$d = \frac{\sqrt{\displaystyle\sum_{n=2}^{\infty} c_n^2}}{c_1} \tag{10.34}$$

から求まる．

一例として図 10.26 の方形波をフーリエ級数で展開する．なおこの方形波は $-T/2 < t < T/2$ で

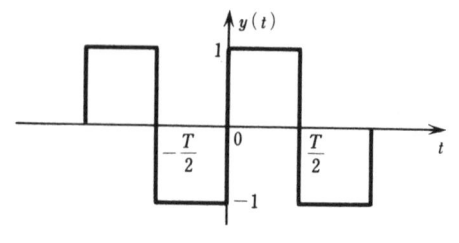

図 10.26 方形波

$$y(t) = \begin{cases} -1, & -T/2 < t < 0 \\ 0, & t = 0 \\ 1, & 0 < t < T/2 \end{cases}$$

と表される．

式 (10.24) より a_0 は

$$a_0 = \frac{1}{T}\int_{-T/2}^{T/2} y(t)\,dt = \frac{1}{T}\left\{\int_{-T/2}^{0}(-1)\,dt + \int_{0}^{T/2}(1)\,dt\right\}$$
$$= \frac{1}{T}(-[t]_{-T/2}^{0} + [t]_{0}^{T/2}) = \frac{1}{T}\left[-\left\{0-\left(-\frac{T}{2}\right)\right\} + \left(\frac{T}{2}-0\right)\right] = 0$$

(10.35)

式 (10.25) より a_n は

$$a_n = \frac{2}{T}\left\{\int_{-T/2}^{T/2} y(t)\cos\frac{2n\pi t}{T}\,dt\right\}$$
$$= \frac{2}{T}\left\{\int_{-T/2}^{0}\left(-\cos\frac{2n\pi t}{T}\right)dt + \int_{0}^{T/2}\cos\frac{2n\pi t}{T}\,dt\right\}$$
$$= \frac{2}{T}\left(-\left[\frac{\sin\frac{2n\pi t}{T}}{\frac{2n\pi}{T}}\right]_{-T/2}^{0} + \left[\frac{\sin\frac{2n\pi t}{T}}{\frac{2n\pi}{T}}\right]_{0}^{T/2}\right) = 0$$

(10.36)

式 (10.26) より b_n は

$$b_n = \frac{2}{T}\left\{\int_{-T/2}^{T/2} y(t)\sin\frac{2n\pi t}{T}\,dt\right.$$
$$= \frac{2}{T}\left\{\int_{-T/2}^{0}\left(-\sin\frac{2n\pi t}{T}\right)dt + \int_{0}^{T/2}\sin\frac{2n\pi t}{T}\,dt\right\}$$
$$= \frac{2}{T}\left(-\left[-\frac{\cos\frac{2n\pi t}{T}}{\frac{2n\pi}{T}}\right]_{-T/2}^{0} + \left[-\frac{\cos\frac{2n\pi t}{T}}{\frac{2n\pi}{T}}\right]_{0}^{\pi}\right)$$
$$= \frac{2}{T}\left\{\frac{\cos(0)-\cos(-n\pi)}{\frac{2n\pi}{T}} - \frac{\cos(n\pi)-\cos(0)}{\frac{2n\pi}{T}}\right\}$$

$$= \frac{1}{n\pi}\{1-(-1)^n-(-1)^n+1\}$$

$$= \frac{2\{1-(-1)^n\}}{n\pi} = \begin{cases} 0, & n=2,4,\cdots \\ \dfrac{4}{n\pi}, & n=1,3,5\cdots \end{cases} \qquad (10.37)$$

式 (10.35),(10.36),(10.37) を式 (10.22) に代入して,

$$y(t) = \frac{4}{\pi}\left(\sin\frac{2\pi t}{T} + \frac{1}{3}\sin\frac{6\pi t}{T} + \frac{1}{5}\sin\frac{10\pi t}{T} + \frac{1}{7}\sin\frac{14\pi t}{T}\right.$$
$$\left. + \frac{1}{9}\sin\frac{18\pi t}{T} + \frac{1}{11}\sin\frac{22\pi t}{T} + \cdots\right) \qquad (10.38)$$

と書ける. これを図 10.27 に示す. 展開の項数が増加すればするほど, 図 10.26

(a) $y(x) = \dfrac{4}{\pi}\left[\sin(x) + \dfrac{1}{3}\sin(3x)\right]$

(b) $y(x) = \dfrac{4}{\pi}\left[\sin(x) + \dfrac{1}{3}\sin(3x) + \dfrac{1}{5}\sin(5x) + \dfrac{1}{7}\sin(7x)\right]$

(c) $y(x) = \dfrac{4}{\pi}\left[\sin(x) + \dfrac{1}{3}\sin(3x) + \dfrac{1}{5}\sin(5x) + \dfrac{1}{7}\sin(7x)\right.$
$\left. + \dfrac{1}{9}\sin(9x) + \dfrac{1}{11}\sin(11x)\right]$

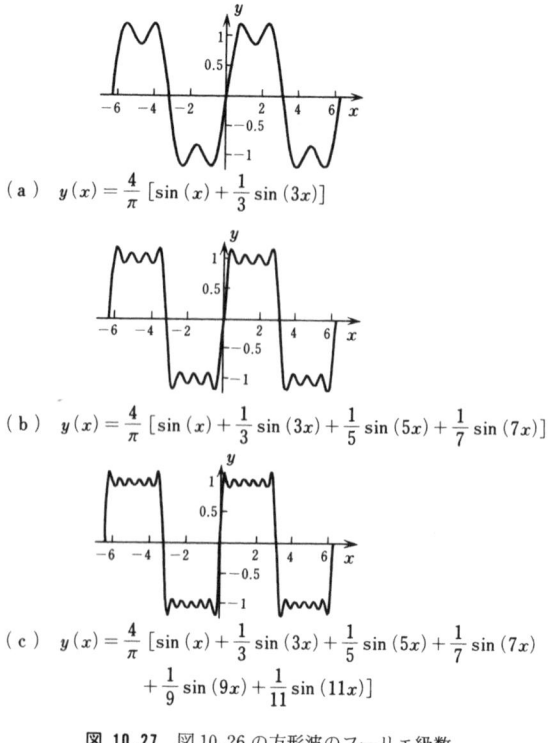

図 10.27 図 10.26 の方形波のフーリエ級数

の方形波に近づくことがわかる．ここで $x = \dfrac{2\pi t}{T}$ と置いて $-2\pi < x < 2\pi$ の領域を描いた．

図 10.27（a）は

$$y(x) = \frac{4}{\pi}\left[\sin(x) + \frac{1}{3}\sin(3x)\right] \tag{10.39}$$

で図 10.27（b）は

$$y(x) = \frac{4}{\pi}\left[\sin(x) + \frac{1}{3}\sin(3x) + \frac{1}{5}\sin(5x) + \frac{1}{7}\sin(7x)\right] \tag{10.40}$$

で図 10.27（c）は

$$y(x) = \frac{4}{\pi}\Big[\sin(x) + \frac{1}{3}\sin(3x) + \frac{1}{5}\sin(5x) + \frac{1}{7}\sin(7x)$$
$$+ \frac{1}{9}\sin(9x) + \frac{1}{11}\sin(11x)\Big] \tag{10.41}$$

のグラフである．

次に図 10.28 の周期方形パルスの周波数スペクトルを求める．

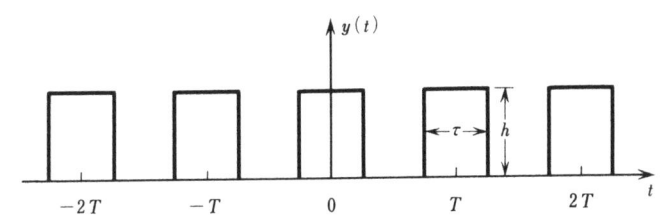

図 10.28 周期方形パルス，T は周期，τ はパルス幅，h はパルスの高さである．$\tau/T = \dfrac{1}{2}$ としてある．

図 10.28 の周期方形パルスのフーリエ級数は式（10.22）で

$$y(t) = \frac{h\tau}{T} + \frac{2h\tau}{T}\sum_{n=1}^{\infty}\left[\frac{\sin\left(\dfrac{n\pi\tau}{T}\right)}{\dfrac{n\pi\tau}{T}}\right]\cos\frac{2n\pi t}{T} \tag{10.42}$$

と求まる（演習問題［9］参照）．

周波数スペクトルを求めるには次のようにフーリエ変換すればよい.

$$F_n = \frac{1}{T}\int_{-T/2}^{T/2} y(t) e^{-j\frac{2n\pi t}{T}} dt \tag{10.43}$$

式 (10.42) と式 (10.43) から

$$F_n = \frac{h\tau}{T}\left[\frac{\sin\left(\dfrac{n\pi\tau}{T}\right)}{\dfrac{n\pi\tau}{T}}\right] \tag{10.44}$$

と求まる(練習問題[10]参照). $T = \dfrac{2\pi}{\omega}$ と書き換えれば式 (10.44) は

$$F_n(\omega) = \frac{h}{n\pi}\sin\left(\frac{1}{2}n\tau\omega\right) \tag{10.45}$$

となる. パルスの高さ $h=1$ としたときの式 (10.45) の周波数スペクトルは図 10.29 に示す. なお図 10.28 と同じように $\tau/T = \dfrac{1}{2}$ としてある.

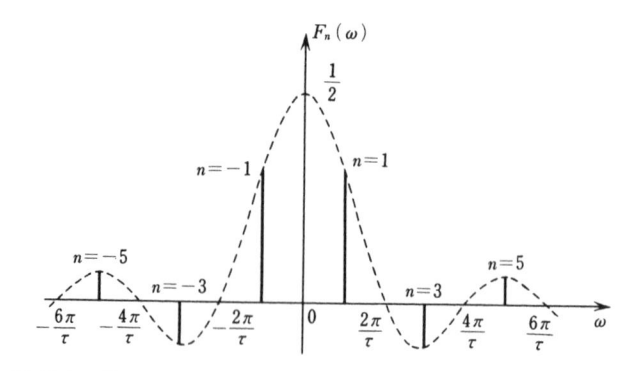

図 10.29 図 10.28 の周期方形パルスの周波数スペクトル. パルスの高さ $h=1$, $\tau/T = \dfrac{1}{2}$ としてある.

練 習 問 題

[1] ガルバノメータ記録計，自動平衡記録計，X-Y 記録計のそれぞれの特徴について述べよ．
[2] オシロスコープの動作原理について述べよ．
[3] 図 10.14 で既知の周波数 $f_0 = 20$ Hz でリサージュ図形をオシロスコープで観測したら次のような波形が得られた．測定したい周波数 f_x を求めよ．

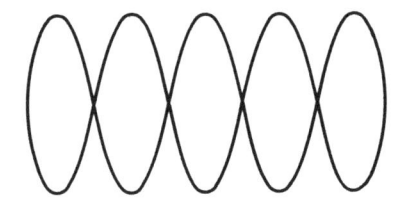

[4] 式 (10.16) で $x = a \sin \omega t$, $y = a \sin(\omega t + \theta)$ とおけば式 (10.17) が得られることを示せ．
[5] 図 10.19 で $a = 5$, $b = 3$ であった．位相差 θ を求めよ．
[6] 周波数帯域幅 10 MHz のオシロスコープの立ち上がり時間を求めよ．
[7] サンプリングオシロスコープの原理について述べよ．
[8] 式 (10.24), (10.25), (10.26) を式 (10.27) から (10.31) までの公式を使って導け．
[9] 式 (10.42) を式 (10.22) と (10.35) から (10.37) までの例題を参考にして導け．
[10] 式 (10.44) を導け．

11 電気電子計測応用

ここで取り扱う電気電子計測応用は光計測,電波計測,周波数計測である.

11.1 光 計 測

電気電子計測で主に取り扱う光は図 11.1 に示すように 2.0 μm の近赤外線から 0.2 μm までの紫外線の領域である.

11.1.1 光を電気に変換するデバイス

光を電気に変換するデバイスとしては

1. **光電子放出デバイス**
2. **光起電力デバイス**
3. **光伝導デバイス**
4. **光超伝導体デバイス**

がある.4.1.2項の光センサで述べたように光電管,光電子増倍管は 1 の光電子放出デバイスで,太陽電池,フォトダイオードは 2 の光起電力デバイスである.3 の光伝導デバイスは光が当たることにより光の強さに比例して抵抗が減少するという効果を利用する.すなわち,光吸収によって電子が価電子帯から励起され,伝導電子または正孔が生じる内部光電効果を利用する.この光伝導デバイスとして,

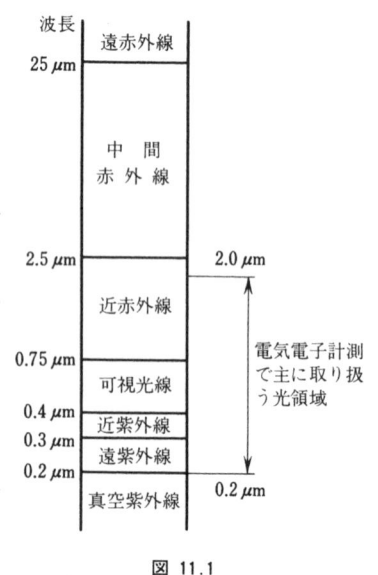

図 11.1

11.1 光計測

たとえば**光伝導セル** (photoconductive cell) がある．これはセラミックスのような絶縁体上に二つの電極を配置し，その上にたとえば可視光検出用には CdS などを数 μm の厚さで膜をつける．この光伝導デバイスの光検出領域は 0.2 μm から 0.7 μm 程度までである．いままで述べた 1, 2, 3 は半導体を使い，その光電効果を利用した光検出デバイスであったが，4 の光超伝導体デバイスは酸化物超伝導体を用いた光検出器である．これは**非熱的効果** (nonbolometric effect) を利用するもので，超伝導体にエネルギーギャップより高いエネルギーをもった光を照射すると，**電子対（クーパー対）**が壊され，**準粒子**となる．この新しくできた過剰な準粒子によってエネルギーギャップが抑圧される．この効果を利用した光検出用のデバイスである．たとえばイットリウム–バリウム–銅–酸素 (YBCO) 系の酸化物超伝導体のエネルギーギャップは 0.04 eV である．したがって，この検出器は 25 μm 以上の遠赤外線まで応答が可能である．また応答速度が半導体を用いた光検出器と比べて速い．たとえば，YBCO 酸化物超伝導体では 40 K で応答速度が 15 ps 程度である．普通半導体では数 μs である．**アバランシフォトダイオード** (APD) で 0.1 ns の応答速度が得られるものもある．

さらにこの光超伝導体デバイスは感度も非常に高い特徴をもつ．

11.1.2 レーザを用いた計測

レーザ (laser) は <u>l</u>ight <u>a</u>mplification by <u>s</u>timulated <u>e</u>mmission of <u>r</u>adiation (**誘導放出**による光の増幅) の略で高い**コヒーレンス性**をもつ．コヒーレンスにはいかに単一周波数に近いかの**時間コヒーレンス**と，いかに指向性の鋭いビームになるかという**空間コヒーレンス**がある．レーザはこの時間および空間コヒーレンスが高いために長さ，速度，周波数などの精密測定に用いられる．まず初めにレーザの原理を簡単に述べ，レーザの種類，レーザを用いた計測について述べる．

（ 1 ） レーザの原理

図 11.2 (a) に示すように電子は外部からの光（**光子**）を吸収して，エネルギー状態の低い E_1 から，エネルギー状態の高い E_2 へと励起される．これを**ポン

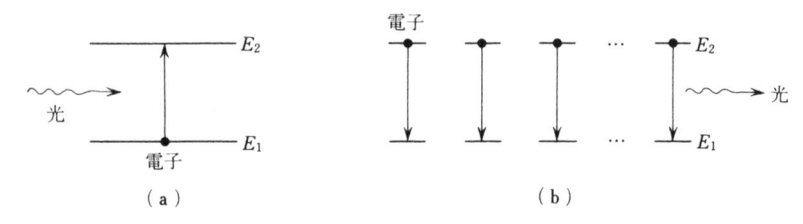

```
           E₂                      電子              ・・・   ・E₂
  ↑                    ↓  ↓   ↓         ↓         光
光         ↑                                            ・・・
           E₁                                       ・E₁
          電子
         (a)                        (b)

              図 11.2 レーザの原理
```

ピング（pumping）という．光の周波数 ν，プランク定数を h とすれば

$$E_2 - E_1 = h\nu \tag{11.1}$$

の関係がある．

このように E_2 の高いエネルギー状態にある電子が図 11.2 (b) のようにいっせいに位相をそろえてエネルギーの低い状態に落ちると入射光が増幅されてコヒーレンス性の光が放出される．これが誘導放出による光の増幅である．半導体レーザの場合価電子帯の電子を電池によるポンピングで伝導帯に励起し，この伝導帯の電子と価電子帯の正孔（ホール）との結合によって光を放出する．たとえば GaAs の単結晶の場合は，図 11.3 のように伝導帯の電子と価電子帯の正孔が一方的に流れるだけである．

ところで GaAs に不純物を入れて p 型と n 型の半導体を作り p-n 接合を構成する．図 11.4 に示すように伝導帯，価電子帯が障壁を作り，伝導帯の右側から入ってきた電子は障壁に集まり，価電子帯の障壁に集まった正孔と再結合して光となる．これが **2 重ヘテロ構造半導体レーザ**で，半導体レーザは GaAs レー

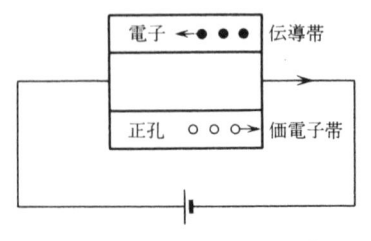

```
      ┌─────────────────┐
      │ 電子 ←●●●   伝導帯 │
      ├─────────────────┤→
      │ 正孔 ○○○→  価電子帯│
      └───────┬─────────┘
              ┤├
```

図 11.3 GaAs 単結晶の電流の流れ

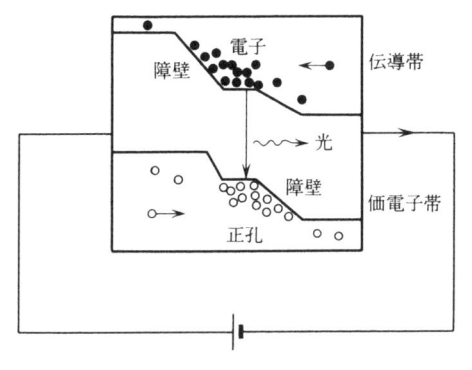

図 11.4 半導体レーザの原理

ザが最初である．

（2） レーザの種類

レーザはルビー，YAG などの固体レーザ，He-Ne，アルゴン，炭酸ガスなどの気体レーザ，色素レーザなどの液体レーザ，半導体レーザに大分類される．計測用には小出力の He-Ne レーザ（発振波長 0.6328 μm，1.1523 μm，3.3913 μm），アルゴンレーザ（発振波長 0.35〜0.52 μm），半導体レーザ（発振波長 0.8〜1.6 μm）がよく用いられる．図 11.5 にレーザの種類をまとめてある．ルビーレーザとエキシマレーザはパルス発振であるが，その他のレーザはすべて連続発振(CW；continuous wave)である．レーザは計測以外に，加工，医療，通信などに応用される．

（3） レーザを用いた長さの測定

He-Ne レーザを用いて図 11.6 に示すように**マイケルソン型干渉計**を用いて長さの精密測定ができる．

図 11.6 で分割された光線の振幅をそれぞれ，A, B，光路差を Δl とすると

$$\text{干渉光の強さ} = \frac{A^2}{2} + \frac{B^2}{2} + AB \cos\left(\frac{2\pi}{\lambda} \Delta l\right) \qquad (11.2)$$

と書ける．0.6328 μm の He-Ne レーザの場合，式(11.2)で λ は $\lambda = 0.6328$ μm である．図のように反射鏡を x だけ移動させると $\Delta l = 2x$ の変化が生じる．こ

図 11.5

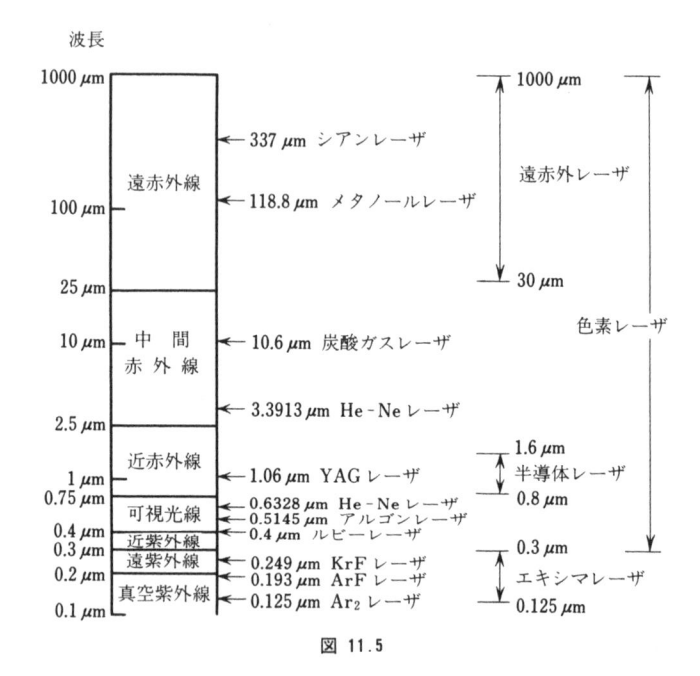

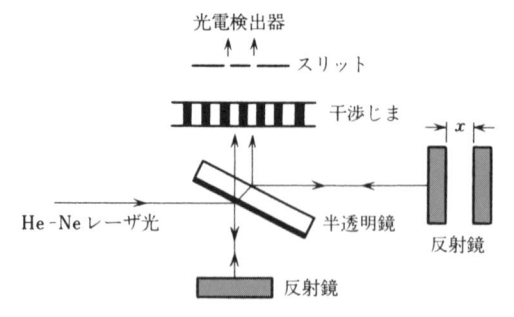

図 11.6 マイケルソン型干渉計

れがレーザ波長 λ に達するごとに干渉じまが元の位置に戻る．このように一周期ごとに明暗の縞 (fringe) が繰り返されるから，その明暗の数 N と移動距離 x とは

$$x = \frac{\lambda}{4} \cdot N \tag{11.3}$$

の関係で求まる．波長 0.6328 μm He-Ne レーザを用いた数 m の長さの測定では 0.2 μm から 1 μm の誤差範囲で精密に測定できる．

(4) レーザを用いた速度の測定

ドップラー効果 (Doppler effect) を用いて速度を測定することができる．いま発振周波数 f，波長 λ のレーザが v_x の速度で観測者に近づいていると，観測者が観測する周波数 f_0 は

$$f_0 = f + \frac{v_x}{\lambda} \tag{11.4}$$

遠ざかる場合は

$$f_1 = f - \frac{v_x}{\lambda} \tag{11.5}$$

と書ける．このようにドップラー周波数偏移 Δf_D は

$$\Delta f_D = \frac{v_x}{\lambda} = \frac{f v_x}{c} \tag{11.6}$$

と書ける．ここで c は光速度である．たとえば，0.8 μm 用 AlGaAs 半導体レーザを用いて，スペクトル幅 $\Delta f = 1$ MHz が式 (11.6) の Δf_D に等しいとして，

$$1 \times 10^6 = \frac{v_x}{0.8 \times 10^{-6}} \tag{11.7}$$

より $v_x = 0.8$ m/s の遅い速度まで測定が可能となる．単色性の目安となるスペクトル幅が狭いほどすなわち，波長安定度の高いものほど遅い速度のものを測定することができる．

11.2 電波計測

電波計測としては**レーダ**，**電波航法**について述べる．

11.2.1 レーダ

レーダ (radar) は <u>ra</u>dio <u>d</u>etection <u>an</u>d <u>r</u>anging の略で自ら電波を出し反射して返ってきた電波を受信することによって**ターゲット** (target) までの距離，

方位，移動速度を決める無線装置である．

普通のレーダは表 3.5 に示したように，30 MHz(波長 10 m)から 94 GHz(波長 3.2 mm) までの電磁波が用いられる．

レーダは主に変調の仕方によって**連続波レーダ（CW レーダ）**と**パルスレーダ**にわけられる．CW レーダでは距離を測定することができないが，ドップラー効果により半径方向の速度を測定することができる．パルスレーダでは距離，方位，ターゲットの移動速度が測定できる．

ほとんどのレーダはパルスレーダなので今後パルスレーダについてのみ述べる．

(1) パルスレーダの構成

図 11.7 に示すように，送信機からパルスをアンテナから放出し，ターゲットからの反射波がアンテナで受信され，受信機を通してビデオパルスとして指示器で表示される．

(2) 距離の測定

レーダでターゲットまでの距離 R を測定するには，送信機からターゲットに向けて送信されたパルスがターゲットから反射されて受信機で受信されるまでの時間 Δt 秒を知ることによって，

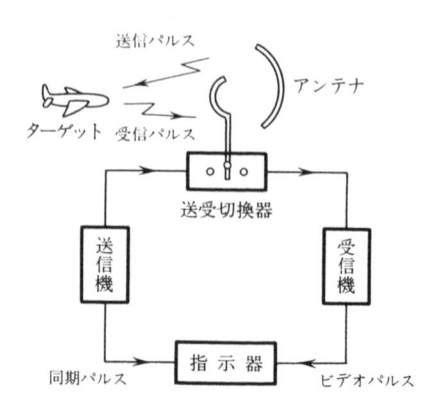

図 11.7 レーダの原理

$$R = \frac{c \cdot \Delta t}{2} \quad [\text{m}] \tag{11.8}$$

で求まる.ここで $c \fallingdotseq 3\times 10^8$ m/s は光速度である.たとえば $\Delta t = 10\,\mu\text{s}$ だと

$$R = \frac{3\times 10^8 \times 10 \times 10^{-6}}{2} = 1.5\,\text{km} \tag{11.9}$$

と求まる.

(3) 方位の測定

方位の測定はビーム幅が狭く,指向性の鋭いビームを用いる.ビーム幅 θ はアンテナの直径 D,電波の波長 λ に依存し,パラボラアンテナの場合は

$$\theta \approx 70\frac{\lambda}{D} \tag{11.10}$$

で近似される.アンテナの主ローブ (main lobe) がターゲットに向いているときもっとも強い信号が得られるから,その時の角度から方位が求まる.

(4) 速度の測定

ターゲットのレーダに対する半径方向相対速度を v とすると,レーダの送信電波の周波数を f_0 として,ドップラー効果による周波数偏移 Δf は光速度 c を使って,

$$\Delta f = \left(\frac{c+v}{c-v} - 1\right) f_0 \approx \frac{2v}{c} f_0 \tag{11.11}$$

と書ける.たとえば $f_0 = 1.5\,\text{GHz}$ のレーダを用いて,ある航空機を観測した時 $\Delta f = 150\,\text{Hz}$ であった.この航空機の速度 v は式 (11.11) より,

$$v = \frac{\Delta f}{f_0}\frac{c}{2} = \frac{150}{1.5\times 10^9} \times \frac{3\times 10^8}{2} = 15\,\text{m/s} \tag{11.12}$$

と求まる.

(5) レーダの最大探知距離

レーダの最大探知距離 $R_{\max}$ は次式で表される.

$$R_{\max} = \left(\frac{P_t G_t A_r \sigma}{(4\pi)^2 S_{\min}}\right)^{1/4} \quad [\text{m}] \tag{11.13}$$

ここで P_t は送信電力で,G_t はアンテナの利得,A_r はアンテナの有効面積,σ はターゲットの反射断面積,$S_{\min}$ は最小の探知信号電力である.アンテナの利得

G_t と有効面積 A_r との間には

$$G_t = \frac{4\pi A_r}{\lambda^2} \tag{11.14}$$

の関係がある．ここで λ は送信電波の波長である．式 (11.13) のレーダ方程式にはレーダシステムの諸損失等が含まれていない．なおターゲットの反射断面積 σ は小さい船で 10 m^2，ジャンボジェット機では 100 m^2 程度である．

11.2.2 電 波 航 法

船舶，航空機の位置を正確に知るには，**ロランA**(Loran A)，**ロランC**(Loran C)，**デッカ・ナビゲーション・システム** (Decca navigation system)，**オメガ航法システム**(Omega navigation system)，**NNSS**(Navy navigation satellite system)，**GPS** (Global positioning system) がある．

（1） ロランA

ロラン (Loran) は Long range navigation の略で，図 11.8 のように地上に主局 M (Master) と従局 S (Slave) の一対のロラン放送局を置く．

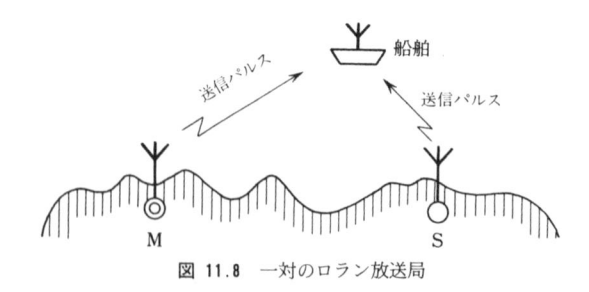

図 11.8 一対のロラン放送局

主局 M はパルス繰返し周期 T でロラン信号を出す．M 局と S 局は電波の到達時間にして $A\mu\text{s}$ 離れている．したがって M 局から発射されたパルスは $A\mu\text{s}$ 後 S 局に到達し，さらに $B\mu\text{s}$ だけ遅れて M 局のパルスと同じパルスを発射する．T_1 を S 局から船舶までの伝搬時間，T_2 を M 局から船舶までの伝搬時間とすれば，船舶における M 局，S 局の両信号の到達時間差 t は

$$t = A + B + T_1 - T_2 \tag{11.15}$$

と求まる．これを双曲線航法と呼んでいる．これから船舶の位置が決定される．ロランCはロランAと送信周波数，パルス発射方式等が異なるだけで原理的にはロランAと同じである．ロランがパルスを用いるのに対して，長波の連続波 (CW) を用いて2局の発射する電波の位相差で船舶の位置を決定する方法がデッカ・ナビゲーション・システムである．

(2) オメガ航法システム

全世界に8局発信局が置かれていて，その中から任意の2局を対としてデッカ・ナビゲーション・システムと同じ方法で位相差を測定して位置を決定する．8局全部が同時に正確に時刻同期をとらなければならないので2個のルビジウム発振器，1個のセシウム・ビーム発振器，1個の水素メーザの計4個の原子標準時間をもち，これらの平均値をとった時間を用いている．

(3) NNSS

人工衛星と船舶，航空機との相対速度 v_x によるドップラー効果を用いて位置を決定する方法である．いま人工衛星が周波数 f，波長 λ の電波を放射しながら移動していると，観測者の受信する周波数 f_0 は式 (11.4) で書ける．t 秒間測定したとして式 (11.4) の両辺に t をかける．

$$f_0 t = ft + \frac{v_x t}{\lambda} \tag{11.16}$$

$f_0 t = n$ は t 秒間の波の数で，2点間の距離の差 $\Delta r = v_x t$ より，Δr は

$$\Delta r = n\lambda - \lambda ft \tag{11.17}$$

と求まる．NNSSはこの方法を用いて位置を決定する．実際には人工衛星から $f_1 = 399.968$ MHz と $f_2 = 149.988$ MHz の二つの周波数が送られている．これは電離層の屈折に基づく誤差を補正するためである．

(4) GPS

合計18個の人工衛星を配するGPSはNNSSに代るものとして1993年以降運用される．L_1 帯の $f_1 = 1\,575.42$ MHz と L_2 帯の $f_2 = 1\,227.6$ MHz の搬送波が

送られる．位相は $f_1:f_2=154:120$ と一定である．民生用のC/Aコード(clear and aquisition) は f_1 で，軍用のPコード (precision) は f_1, f_2 の両波で送られる．

11.3 周波数計測の応用

周波数計測の応用として**水晶温度計**について述べる．

11.3.1 水晶温度計

水晶振動子の共振周波数 f_0 は，今説明の都合のため，振動子の厚みが幅に比べて薄い場合を考えると，一次元の振動子として式（11.18）で表せる．

$$f_0 = \frac{1}{2t}\sqrt{\frac{c}{\rho}} \tag{11.18}$$

ここで，t は振動子の厚さ，ρ は水晶の密度，c は**スティフネス**である．温度が変化したとき，これらのパラメータの変化につれて共振周波数が変化するので，温度と共振周波数の関係を予め測定しておけば，共振周波数を測定することで温度を知ることができる．水晶振動子の共振周波数の変化から温度を測定するのが水晶温度計である．

温度計用の振動子には，共振周波数と温度との関係がなるべく直線で近似でき，温度が変化したときの共振周波数変化が大きく，小型であることなどが要求される．温度による周波数変化に最も大きく寄与するのは，スティフネスであるから温度変化による共振周波数変化の大きくなるような結晶からの振動子の切り出し角が選ばれる．普通には，温度変化に対する共振周波数変化の大きい**音叉型水晶振動子**や**Yカット水晶振動子**が温度センサとして用いられる．測定可能温度の上限は，α 水晶の**相転移**（phase transition）温度573℃以下であり，測定範囲は-50～250℃くらいが普通で，4.2～523Kのものもある．温度分解能は，0.01～0.001℃であるが，0.0001℃の製品もある．

図11.9に水晶温度計の構成を示す．温度センサ用の振動子は，カプセルに収

められ，さらに直径数 mm，長さ 200 mm くらいのプローブに収められて水晶発振器を構成している．タイムベースは，コンピュータのクロックと周波数カウンタ用のクロックを兼ねる高安定水晶発振器である．温度変化は，発振周波数の変化となり測定され，**CPU**（central processing unit）で周波数変化と温度との関係が**直線化**（linearization）されて温度として表示される．

　水晶温度計は，温度を電気量に変換する際に A/D 変換器を要しないので，変換に伴う誤差が生じない，高精度，高温度分解能測定が可能などの優れた点があるが，振動子の周波数経時変化があるので，絶対値の校正を適宜に行わなければならない．

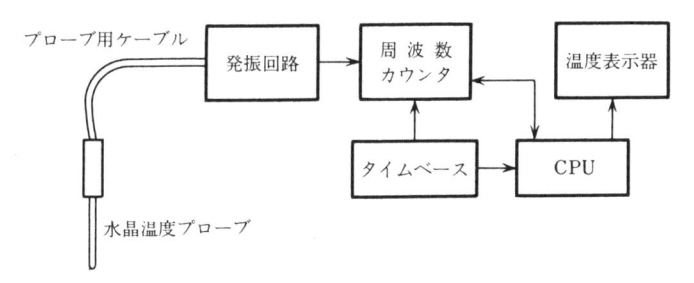

図 11.9　水晶温度計の構成

練習問題

[1] YBCO系酸化物超伝導体のエネルギーギャップ $E_g=0.04\,\mathrm{eV}$ である．$E_g=h\nu$，h はプランク定数，ν は振動数としてこれに対応する電磁波の波長を求めよ．ただし，
$$1\,\mathrm{eV}=1.602\times10^{-12}\,\mathrm{erg}$$
$$h=6.6252\times10^{-27}\,\mathrm{erg\cdot sec}\ \text{である．}$$
[2] レーザを用いた長さの測定について述べよ．
[3] パルスレーダの原理について述べよ．
[4] 送信電力 $P_t=50\,\mathrm{kW}$，アンテナ利得 $G_t=30\,\mathrm{dB}(1\,000\,\text{倍})$，アンテナ有効面積 $A_r=1\,\mathrm{m}^2$，飛行機の反射断面積 $\sigma=10\,\mathrm{m}^2$，最小探知の信号電力 $S_{\min}=1.2\times10^{-12}\,\mathrm{W}$ とした時のレーダ最大探知距離を求めよ．
[5] 電波航法のロランAの原理について述べよ．
[6] 水晶温度計の動作原理について述べよ．

参 考 文 献

[1] Ernest Frank : "Electrical Measurement Analysis", McGraw-Hill Book Company, Inc., (1959)
[2] 西野治編:"電気計測（実験物理学講座5）"，共立出版，昭和44年7月
[3] Bruce D. Wealock and James K. Roberge : "Electric Components and Measurements", Prentice-Hall, Inc., (1969)
[4] D.F.A. Edwards : "Electronic Measurement Techniques", Butterworth & Co., Ltd., (1971)
[5] John D. Lenk : "Handbook of Electronic Test Equipment", Prentice-Hall, Inc., (1971)
[6] Stanley Wolf : "Guide to Electronic Measurements and Laboratory Practice", Prentice-Hall, Inc., (1973)
[7] 須山正敏:"電気磁気測定"，電子通信学会，(1974)
[8] John V. Wait et al. : "Introduction to Operational Amplifier Theory and Applications", McGraw-Hill Kogakusha, (1975)
[9] Philip Kantrowitz, Gabriel Kousourou and Lawrence Zucker : "Electronic Measurements", Prentice-Hall, Inc., (1979)
[10] 電子通信学会ハンドブック委員会編:"電子通信ハンドブック"，オーム社，昭和54年3月
[11] 高田誠二:"単位と単位系"，共立出版，(1980)
[12] 福与人八，小林肇，泊川一之:"電子計測"，実教出版，1980年7月
[13] 都築康雄:"電子計測"，電子情報通信学会 (1981)
[14] 菅野充:"電磁気計測"，コロナ社，昭和57年5月
[15] 米山寿一:"図解A/Dコンバータ入門"，オーム社，昭和58年9月
[16] 桜井捷海，霜田光一:"応用エレクトロニクス"，裳華房，昭和59年3月
[17] Andor Boros : "Electrical Measurements in Engineering", Elsevier Science Publishing Co., Inc., (1985)
[18] 桜井捷海，霜田光一:"エレクトロニクスの基礎"，裳華房，昭和61年1月
[19] 日野太郎:"電気計測基礎"，電気学会，1986年2月
[20] F. F. Mazda : "Electronic Instruments and Measurement Techniques", Cambridge University Press, (1987)
[21] S. Collin : "Computers, Interfaces and Communication Networks", Prentice Hall, (1988)

参 考 文 献

- [22] パナソニック電子計測器 '88〜'89, (1988)
- [23] 永田穣監修: "実用基礎電子回路", コロナ社, (1988)
- [24] Martin U. Reissland : "Electrical Measurements", John Wiley & Sons, (1989)
- [25] 飯島幸人, 今津隼馬: "電波航法", 成山堂書店 (1989)
- [26] 滑川敏彦, 志水英二: "基礎電子回路", 昭晃堂, 平成元年4月
- [27] 吉村和幸, 古賀保喜, 大浦宣徳: "周波数と時間", 電子情報通信学会, 平成元年7月
- [28] 大森俊一, 根岸照雄, 中根央: "基礎電気・電子計測", 槇書店, (1990)
- [29] YOKOGAWA 電子計測器, 1990年
- [30] 山口次郎, 前田憲一, 平井平八郎: "大学課程・電気電子計測", オーム社 (1990)
- [31] 金井寛, 斎藤正男: "電気磁気測定の基礎", 昭晃堂, (1991)
- [32] 関根松夫: "レーダ信号処理技術", 電子情報通信学会, (1991)
- [33] L. D. Jones and A. F. Chin : Electronic Instruments and Measurements, Prentice Hall, 1991
- [34] アドバンテスト総合カタログ, (1991)
- [35] 横河ヒューレットパッカード, 1991総合カタログ, (1991)
- [36] 片桐嗣雄監, 田代正二: ネットワーク・アナライザ入門, 横河ヒューレットパッカード株式会社
- [37] ㈱アドバンテスト: INSTRUCTION MANUAL TR 5824 (A)
- [38] 山内二郎監修: "電気計測便覧", オーム社, (1966)
- [39] 高木純一: "電気の歴史", オーム社, (1967)
- [40] レーザー学会: "レーザーハンドブック", オーム社, (1982)
- [41] 工業技術院計量研究所訳: "国際単位系", 日本計量協会, (1987)
- [42] 三好正二: "電気計測", 東京電機大学出版局, (1982)
- [43] 菅博, 玉野和保, 井出英人, 米沢良治: "電気・電子計測", 朝倉書店, (1988)
- [44] 相田貞蔵, 江端正直, 河野宣之, 釘澤秀雄: "電子計測", 培風館, (1989)
- [45] 新妻弘明, 中鉢憲賢: "電気・電子計測", 朝倉書店, (1989)

練習問題 略解

1 章

[1] 式 (1.6) より $c^2 = \dfrac{1}{\varepsilon_0 \mu_0}$ が得られる．これより $\varepsilon_0 = \dfrac{10^7}{c^2}$ F/m が求まる．

[2] 式 (1.9), 式 (1.12) より $1 + \dfrac{\varepsilon}{T} = \dfrac{M}{T}$, $1 + \dfrac{\alpha}{M} = \dfrac{T}{M}$ が得られる．これより $\left(1 + \dfrac{\varepsilon}{T}\right)\left(1 + \dfrac{\alpha}{M}\right) = 1$ となり，ε, α が十分小さいと，$\dfrac{\varepsilon}{T} \fallingdotseq -\dfrac{\alpha}{M}$ が得られる．

[3] 平均値は式 (1.16) より $\bar{x} = 12.8$ mA，偏差の平均値は式 (1.18) より $D = 0.312$ mA，標準偏差は式 (1.19) より $\sigma = 0.385$ mA，確率誤差は $r = 0.675\,\sigma = 0.260$ mA となる．

[4] $R(t) = 6.79(1 + 4.21 \times 10^{-3} t)$

[5] $y_i = ae^{bx_i}$ とおいて両辺の対数をとる．
$$a = \exp\left\{\dfrac{(\sum_{i=1}^{n} \ln y_i)(\sum_{i=1}^{n} x_i^2) - (\sum_{i=1}^{n} x_i \ln y_i)(\sum_{i=1}^{n} x_i)}{n(\sum_{i=1}^{n} x_i^2) - (\sum_{i=1}^{n} x_i)^2}\right\}$$
$$b = \dfrac{n(\sum_{i=1}^{n} x_i \ln y_i) - (\sum_{i=1}^{n} x_i)(\sum_{i=1}^{n} \ln y_i)}{n(\sum_{i=1}^{n} x_i^2) - (\sum_{i=1}^{n} x_i)^2}$$

[6] $\dfrac{\Delta f}{f} = \left|a\dfrac{\Delta x_1}{x_1}\right| + \left|b\dfrac{\Delta x_2}{x_2}\right| + \left|c\dfrac{\Delta x_3}{x_3}\right|$

[7] 電力 P は $P = I^2 R$ と書ける．これより，相対誤差は
$$\dfrac{\Delta P}{P} = 2\dfrac{\Delta I}{I} + \dfrac{\Delta R}{R}$$
となり，電流計は抵抗計より 2 倍の精度の良さが要求される．

[8] 32.47 ± 0.33

[9] 31.6

[10] 増幅器の入力電力を P_{in} とすると，
$$35 = 10 \log_{10}\left(\dfrac{30}{P_{\text{in}}}\right) \text{ より，} P_{\text{in}} = 9.5 \text{ mW．}$$
また増幅器の入力電圧は V_{in}，出力電圧を V_{out} とすると，
$$30 = \dfrac{V_{\text{out}}^2}{20} \text{ と}$$
$$45 = 20 \log_{10}\left(\dfrac{V_{\text{out}}}{V_{\text{in}}}\right)$$
より

$V_{\text{in}} = 0.14$ V

と求まる．

2 章

[1] 電流を i とすると，$i = \dfrac{\sqrt{\overline{e^2}}}{R+Z}$ となる．これから負荷で消費される電力 P は

$$P = i^2 Z = \dfrac{\overline{e^2}}{(R+Z)^2} Z$$

が求まる．

[2] 図 2.4 より，$S_o = S_i \times G = 10 \times 20$ mW，$N_o = N_i \times G + \Delta N = 1 \times 20 + 3 = 23$ mW，$\dfrac{S_i}{N_i} = \dfrac{10}{1} = 10$，$\dfrac{S_o}{N_o} = \dfrac{200}{23} = 8.7$ となる．式 (2.8) より $F = 1.15$ が得られる．

[3] 式 (2.19) と同じように

$$N_o = KTBF_1 G_1 G_2 G_3 + (F_2 - 1) KTBG_2 G_3 + (F_3 - 1) KTBG_3$$

が得られる．N_o は式 (2.21) と同じように $N_o = KTBF_0 G_1 G_2 G_3$ が得られる．N_o を消去して，両辺を $KTBG_1 G_2 G_3$ で割ると求まる．

[4] 式 (2.45)

$$P(x) = 1 - e^{-\frac{x^2}{\sigma^2}}$$

を微分すると

$$\dfrac{dP(x)}{dx} = \dfrac{2}{\sigma^2} x \, e^{-\frac{x^2}{\sigma^2}}$$

となり式 (2.44) と同じである．

[5] 1 次のモーメント $<x>$ は

$$<x> = \sigma \Gamma\left(\dfrac{1}{c} + 1\right),$$

2 次のモーメント $<x^2>$ は

$$<x^2> = \sigma^2 \Gamma^2\left(\dfrac{2}{c} + 1\right),$$

分散 $V = <x^2> - <x>^2$ は

$$V = \sigma^2 \left\{ \Gamma\left(\dfrac{2}{c} + 1\right) - \Gamma^2\left(\dfrac{1}{c} + 1\right) \right\}$$

が得られる．

[6] $\overline{x(t) x(t+\tau)} = \overline{x^2(t)} \, e^{-a t} = e^{-a t}$

[7] $S(f) = 2 \displaystyle\int_0^\infty e^{-a^2 \tau^2} \cos 2\pi f \tau \cdot d\tau$

$$= 2 \cdot \dfrac{\sqrt{\pi}}{2 a} e^{-\frac{4\pi^2 f^2}{4 a^2}} = \dfrac{\sqrt{\pi}}{a} e^{-\frac{\pi^2 f^2}{a^2}}$$

練習問題 略解

217

が求まる．

3 章

[1] 20 mA, 0.0000065 s, 500 kΩ, 200000 MHz, 0.0000025 μF
[2] NA^{-2} の次元は MKSA 系で $NA^{-2} = mk_g s^{-2} A^{-2}$ となる．H/m の次元は MKSA 系で表3.3より，
$$H/m = m^2 k_g s^{-2} A^{-2}/m = mk_g s^{-2} A^{-2}$$
となり，NA^{-2} H/m の次元は同じになる．
[3] $f = 693$ GHz．電圧は式 (3.3) より，$V = (1436 \times n) \mu V$ となる．
[4] プランク定数 h の次元は J・s，電荷 q は C である．したがって，$\frac{h}{q^2}$ の次元は
$$\frac{J \cdot s}{C^2} = \frac{J}{C} \cdot \frac{s}{C} = V \cdot \frac{1}{A} = \Omega$$
となる．
[5] 加工など人間の影響を受けない自然現象を利用した普遍的な標準として量子標準が実現された．周波数標準もその一つである．（本文参照）
[6] 40 kHz などの標準周波数放送を周波数比較用の受信機で受信し，事業所の発振器と比較する．事業所の発振器を郵政省通信総合研究所（現：情報通信研究機構）に直接持ち込み，周波数比較を依頼するなどの方法がある．最近，コンピュータ通信により周波数比較を行う方法も開発されつつある．

4 章

[1] 図（a）の演算増幅器の入力における電圧を V_g とすると電流は，入力インピーダンスが大きいので増幅器に電流が流入しないこと，$A \gg 1$ であることを考慮すると次のようになる．
$$\frac{V_i - V_g}{R_1} + \frac{V_o - V_g}{R_2} = 0, \quad V_o = -V_g A \quad \therefore \quad V_o = -\frac{R_2}{R_1} V_i$$
積分器についても同様にして，容量に流れる電流を I_c とし，増幅器に流入する電流を求める．図（a）で $V_g \fallingdotseq 0$ であったことを考慮し，I_c を消去し，上式を積分すると図（b）の式が得られる．
$$\frac{V_i - V_g}{R_1} + I_c = 0, \quad I_c = C\frac{d(V_o - V_g)}{dt} \quad \therefore \quad V_o = -\frac{1}{R_1 C}\int V_i dt$$
[2] 電源による雑音をその周期に相当する時間積分すると，積分値は零になる．したがって，積分器の積分期間が電源雑音の周期と整数関係にあると，積分器の出力には，雑音の影響は現れない．
[3] 図 4.10 と本文参照．
[4] 4.3 ディジタル変換参照．

[5] 式 (4.21) と説明参照.
[6] 95 を 9 と 5 に分けて，それぞれを 2 進数表示する．$9=1 \cdot 2^3+0 \cdot 2^2+0 \cdot 2^1+1 \cdot 2^0$, $5=0 \cdot 2^3+1 \cdot 2^2+0 \cdot 2^1+1 \cdot 2^0$ したがって，1001, 0101 となる．

5 章

[1] 負荷抵抗 R_L を接続しないときの負荷の端子電圧 V_{L1}
$$V_{L1}=\frac{ER_L}{R_0+R_L}$$
電圧計を接続したきの負荷の端子電圧 V_{L2}
$$V_{L2}=\frac{E}{R_0+\dfrac{R_V R_L}{R_V+R_L}}\frac{R_V R_L}{R_V+R_L}$$
V_{L1}/V_{L2} は
$$\frac{V_{L1}}{V_{L2}}=1+\frac{R_0 R_L}{R_V(R_0+R_L)}$$
電圧計の内部抵抗が大きいほど，比が 1 に近づくことがわかる．

[2] 入力電圧の実効値を E_i，入力抵抗を R_i とする．抵抗 R で消費する電力と R_i で消費する電力は等しいと置いて次式を得る．（a）については
$$\frac{E_i^2}{R_i}=\frac{(\sqrt{2}E_i)^2}{R} \quad \therefore \quad R_i=\frac{R}{2}$$
（b）については，抵抗 R には直流と交流が重畳して流れるから消費電力はこれらの和となる．
$$\frac{E_i^2}{R_i}=\frac{(\sqrt{2}E_i)^2}{R}+\frac{E_i^2}{R} \quad \therefore \quad R_i=\frac{R}{3}$$

[3] 本文参照．
[4] 本文参照．
[5] 定義：波形率＝実効値/平均値，波高率＝波高値/実効値
正弦波：振幅を A，角周波数を ω とする瞬時電圧 $V(t)$ は $V(t)=A\sin\omega t$ 実効値は定義により求めると，$A/\sqrt{2}$（計算には公式：$\sin^2\omega t=(1-\cos 2\omega t)/2$ を使う）．平均値は $2A/\pi$ であるから，波形率は $\pi/2\sqrt{2}$，波高率は $\sqrt{2}$ となる．
方形波：振幅を A とし，周期が 2π とすると，波形は半周期ごとに極性が変わるだけで振幅は一定である．定義により，実効値を求めると，A．平均値は，A．波形率は $A/A=1$．波高率は $A/A=1$．

[6] $\alpha=\omega_0$ のとき $\beta=0$ となる．このとき，式 (5.9) の括弧内の第 2 項は 0/0 と不定形になるので，不定形の極限定理を使って求める．

$$\lim_{\beta \to 0} \theta = \lim_{\beta \to 0} \theta_0 \left\{ 1 - \frac{\dfrac{d\text{ 第 2 項の分子}}{d\beta}}{\dfrac{d\text{ 第 2 項の分母}}{d\beta}} \right\} = \theta_0 \{1 - (1+\alpha t) e^{-\alpha t}\}$$

6 章

[1] 式 (6.10) で $\alpha=0$ とし，$V_2/V_1 = |\Gamma| \angle \theta$ とおくと，次式のようになる．$V = V_1 e^{j\beta x}(1+|\Gamma|e^{-j(2\beta x + \theta)})$ 括弧内の指数部が正の実数（=1）になったときに V の値は最大になる．電圧と電流には式 (6.11) の関係があるから，電圧最大のときには電流は最小になり，電圧と電流は同位相になる．

[2] 本文参照．

[3] 本文参照．

[4] 入力側を特性インピーダンスで終端し，出力側から入力する．このとき，入力側の反射はないから，$a_1=0$ となる．したがって，$S_{22}=b_2/a_2$ となる．同様にして，$S_{12}=b_1/a_2$ となる．

[5] 伝送線は無損失で，伝搬する信号の速度は真空中と同じとみなし c とする．周波数を f とすると，波長 λ は $c=f\lambda$ で求められる．線路上の電圧を測定して，ある電圧が測定された地点を x_1 とし，つぎに同じ電圧が測定された地点を x_2 とする．このとき，式 (6.9) の指数部は 2π 変化したことになる．したがって，$\beta(x_2-x_1)2\pi$ で，$(x_2-x_1)=\lambda$ であるから，$\beta=2\pi/\lambda$ となる．

電磁波の速度は，式 $c=(\varepsilon_0\mu_0)^{-1/2}$ により与えられる．したがって，比誘電率 ε_r，比透磁率 μ_r の物質中の電磁波の速度 v は，$v=c/(\varepsilon_r\mu_r)^{1/2}$ となる．物質中の電磁波の波長を λ_b とすると $v=f\lambda_b$ で，$c=f\lambda$ であるから，$\lambda=\lambda_b(\varepsilon_r\mu_r)^{1/2}$ となる．長さ l の物質中を伝搬する電磁波の位相回転と同じ位相回転を真空中で起こすときの長さ L との間には，$L=l(\varepsilon_r\mu_r)^{1/2}$ の関係がある．L を電気長という．

7 章

[1] 図 4.3 と本文参照．

[2] 周波数の変動の測定は，時間領域の周波数安定度の定義からわかるように，周波数の変動を測定時間にわたって平均した値を求めていることになる．そのため，周波数変動の平均値は，測定時間に依存することになる．

[3] 発振器 1 の周波数を A Hz，発振器 2 の周波数を未知として X Hz とする．100 s で位相が 1 回転したので，2 台の発振器間で周波数が 0.01 Hz だけ違っていることになる．局部発振器の周波数を L Hz とすると，混合器出力で差の周波数成分をとると次式が成り立つ．$A-L=X-L\pm 0.01$ [Hz] $\therefore X=A\pm 0.01$ [Hz]

[4] f_v が直接周波数計測できるような低い周波数になるように，逓倍次数 N を選択して電圧制御発振器の周波数を高める．周波数計数では f_v が計数されるが，表

示には $f_x = fNf_v + f_r$ となり，Nf_v と Nf_r が加えられた値が表示される．

8 章

[1] $P = 0.4$ W
[2] 図8.1(a)で負荷 R_L で実際に消費される電力を P_0，電流計と電圧計の読みの積から求まる電力を P とすれば，電力の相対誤差 ε_a は

$$\varepsilon_a = \frac{|P - P_0|}{P_0} = \frac{R_L}{R_V}$$

と求まる．同様に図8.1（b）から，

$$\varepsilon_b = \frac{|P - P_0|}{P_0} = \frac{R_A}{R_L}$$

と求まる．ε_a と ε_b を比較すればよい．

[3] 電圧の実効値 v_e，電流の実効値 i_e は $v = 100$ V，$i = 5$ A で

$$v_e = \frac{v}{\sqrt{2}}, \quad i_e = \frac{i}{\sqrt{2}}$$

と書ける．有効電力は式 (8.23) より $P = \frac{vi}{2} \cos 30° = 216.5$ W．無効電力は式 (8.24) より $P = \frac{vi}{2} \sin 30° = 125$ Var．皮相電力は式 (8.25) より $P = \frac{vi}{2} = 250$ VA．

[4] 本文参照．
[5] $\cos(\varphi \pm 30°) = \cos \varphi \cdot \cos 30° \mp \sin \varphi \cdot \sin 30°$
$\qquad = \frac{\sqrt{3}}{2} \cos \varphi \mp \frac{1}{2} \sin \varphi$

の関係を使う．

[6] $V_H = 0.5$ mV
[7] 式 (8.100) より
$\qquad P = 4.2 \times 0.8 \times 12$
$\qquad\quad = 40$ W

9 章

[1] $\theta = \sin(\omega t + \alpha)$ とおくと，式 (9.11) より $I\omega^2 = M_0 H_0$ が得られる．したがって $\omega = \sqrt{\frac{M_0 H_0}{I}}$ より $T = \frac{2\pi}{\omega} = 2\pi \sqrt{\frac{I}{M_0 H_0}}$ が求まる．

[2] 本文参照．
[3] 本文参照．
[4] 透磁率 μ_1，磁界の強さ H の磁界中に，体積 V，透磁率 μ_2 の磁性材料を置けば，

エネルギーの変化は $dW = \frac{1}{2}(\mu_1 - \mu_2)H^2 V$ が得られる．この磁性材料にかかる力は

$$F_x = -\frac{dW}{dx} = \frac{1}{2}(\mu_2 - \mu_1)\left(\frac{dH^2}{dx}\right)V = (\mu_2 - \mu_1)H\left(\frac{dH}{dx}\right)V$$

となる．$\chi_2 = \mu_2 - \mu_0$，$\chi_1 = \mu_1 - \mu_0$ を代入して，

$$F_x = \frac{1}{2}(\chi_2 - \chi_1)\left(\frac{dH^2}{dx}\right)V$$
$$= (\chi_2 - \chi_1)H\left(\frac{dH}{dx}\right)V$$

が得られる．
したがって，体積 $V = adx$ にかかる力 dF_x は

$$dF_x = \frac{1}{2}(\chi_2 - \chi_1)\frac{dH^2}{dx}adx$$
$$= \frac{1}{2}(\chi_2 - \chi_1) \cdot a \cdot d(H^2)$$

[5] 本文参照．
[6] 本文参照．
[7] 本文参照．

10 章

[1] 本文参照．
[2] 本文参照．
[3] 式 (10.11) より $n_h = 5$，$n_v = 1$ より $f_x = \frac{5}{1} \times 20 = 100$ Hz となる．
[4] $x = E\sin\omega t$，$y = E\sin(\omega t + \theta)$，$a = E$ を式 (10.17) に代入する．
[5] 式 (10.19) より，$\sin\theta = \frac{3}{5}$．これより，$\theta = 36.9°$ と求まる．
[6] 式 (10.20) より

$$t_r = \frac{0.35}{10 \times 10^6} = 35 \text{ ns．}$$

[7] 本文参照．
[8] 略．
[9] 略．
[10] 略．

11 章

[1] $E_g = h\nu$ より，

$0.04 \times 1.602 \times 10^{-12} = 6.6252 \times 10^{-27} \nu$ より, $\nu = 9.66\,\mathrm{THz}$ と求まる. したがって, 波長 λ は

$$\lambda = \frac{3 \times 10^{10}}{\nu} = 0.3 \times 10^{-2}\,\mathrm{cm} = 31\,\mu\mathrm{m}$$

と求まる.

[2] 本文参照.

[3] 本文参照.

[4] 式 (11.13) より

$$R_{\max} = \left(\frac{50 \times 10^3 \times 1000 \times 1 \times 10}{(4\pi)^2 \times 1.2 \times 10^{-12}}\right)^{1/4}$$
$$= 40.3\,\mathrm{km}$$

と求まる.

[5] 本文参照.

[6] 本文参照.

索　引
(五十音順)

あ　行

アナログコンピュータ　61
アナログ式電圧計　92
アナログ (analog) 量　4, 61
アナログ測定法　7
アバランシフォトダイオード　60, 201
アンサンブル平均　33
アンペールの法則　2

位相検出器　66
位相スペクトル　194
位相ロックループ回路　65
±1 カウント誤差　118
1 次周波数標準　53
1 次のモーメント　33
1 バイト　73
陰極線オシロスコープ　180
インタフェース　81
インピーダンス自動平衡記録計　178
インピーダンス整合　67

ウィーナー・ヒンチン (Wiener-Khintchine) の定理　38
ウィーンブリッジ　106
うず電流　144
うず電流損　164
うるう (閏) 秒　55

エネルギー準位　53
エバス・モールモデル　64
エプスタイン装置　172
エルゴード性　33
エレクトロニック検流計　100
円形記録紙　175
演算増幅器　61

応答　88
オシロスコープ　32, 175
帯形記録紙　175
オフセット誤差　78
オフセット (offset) 電圧　62
オメガ航法システム　208
音叉型振動　210

か　行

外部雑音　26
回路試験器　100
ガウス分布　13, 35
角周波数　83
確率分布関数　33
確率密度関数　33
加算器　63
過剰雑音　28
ガスセル型ルビジウム原子発振器　53, 115
過制動　88
仮想接地　63
可聴周波数　145
可動コイル　128

過補償　182
ガルバノメータ記録計　175
カロリメータ　126
カロリメータ電力計　145
環境誤差　11
間接測定法　5, 126
緩和周波数　39
ガンマ関数　36

帰還増幅器　62
奇遇検査　73
奇パリティ　73
基本単位　43
記録計　175
吸収型周波数計　116
キュリー定数　161
キュリーの法則　161
キュリー・ワイスの法則　161

強磁性体　161
協定世界時　55
局部発振器　192

空間コヒーレンス　201
偶パリティ　73
組立単位　43
クーパー対　48, 201
グラフ記録計　175
クロックパルス　117

形状パラメータ　42
系統誤差　10

索　引

ゲージ　60
ケリー・フォスタ　106
ケルビンダブルブリッジ
　　　　　　　　101
原子発振器　28
検出器　57
減衰プローブ　182
検流計　91

語　73
光子　201
光電管　59
光電効果　59
交流ジョセフソン効果　48
国際原子時　55
国際単位系　43
国際電気標準会議　57
国際度量衡委員会　50
国際度量衡総会　43
誤差関数　15
誤差曲線　14
誤差検出器　178
誤差伝搬の法則　18
誤差率　8
個人誤差　10
固定コイル　128
コヒーレンス性　201

さ　行

最確値　16
最小2乗法　15
最小ビット　77
さぐりコイル　153
雑音　26
雑音指数　29, 62

差動増幅器　62
サーミスタ　58, 146
3相交流電力　136
散弾雑音　28
3電圧計法　132
3電流計法　132
サンプリング　74
サンプリングオシロ
　スコープ　180, 191
サンプル・ホールド回路　75
残留磁気　163

磁化特性　163
時間　52
時間コヒーレンス　201
時間平均　33
実効値　84
時刻　52
自己相関関数　33, 37
指示計器　85
磁束分解能　158
実効値　131
自動平衡記録計　175, 178
自動平衡ブリッジ　106
尺度パラメータ　42
シャピロ・ステップ　50
集合平均　33
周波数応答　88
周波数カウンタ　116
周波数シンセサイザ　55, 66
周波数標準　52
周波数変調　192
受信機　29
10進数　117
10進符号　117

シュミット回路　117
瞬時値　83, 131
準粒子　201
シェーリング　106
衝撃検流計　152
衝撃定数　155
常磁性体　161
ジョセフソン効果　48
ジョセフソン素子　84
ジョンソン雑音　26
シリコンフォトダイオード
　　　　　　　　60
真空管　92
シンクロスコープ　180
信号　26
信号対雑音比　29
振動磁力計　151
真の値　8
振幅　83
振幅スペクトル　194

水晶圧力センサ　61
水晶温度計　210
水晶発振器　28
水素メーザ　53, 115
スティフネス　210
スペクトラムアナライザ
　　　　　175, 192
スミス図表　110

正規磁化曲線　163
正規分布　15, 35
正弦波　83
整合　27
整定時間　62

索　引

静電電圧計　96
正論理　79
世界時0　53
世界時1　53
世界時2　53
積分器　64
セシウムビーム型原子
　発振器　53
セシウムビーム型原子
　周波数標準　53
絶縁体　48
絶対誤差　18
ゼーベック効果　57
0復帰　80
センサ (sensor)　57

相似性　89
相対誤差　8, 18
相転移　210
増幅器 (amplifier)　29, 61
測定器の誤差　11
測定誤差　8
測定値　8

た　行

対数増幅器　64
ダイナミックレンジ
　　　　　　　64, 101
ダイノード　60
太陽電池　60
ターゲット　206
多相交流回路　136
立ち上がり時間　190
立ち下がり時間　190
打点方式　175

チェックビット　73
超伝導干渉素子　28
超伝導体　48
超伝導量子干渉素子　158
超伝導量子干渉素子磁束計
　　　　　　　　　153
直接測定法　5, 126
直線化　211
直動式記録計　175
直流ジョセフソン効果　48
直列伝送　79
チョッパ増幅器　91

抵抗量子標準　51
ディジタル　71
ディジタルエレクトロニッ
　ク周波数カウンタ　116
ディジタル計器　85
ディジタル式電圧計　92
ディジタル測定法　7
ディジタルマルチメータ
　(DMM)　89, 100
ディジタル量　4
定常過程　33
テスタ　100
デッカ・ナビゲーション・
　システム　208
鉄損　170
デュアルスロープ　76
電圧制御発振器　65
電圧フォロワ　67
電圧プローブ　93
電圧変成器　96
電圧利得　23
電圧量子標準　48

電界効果トランジスタ
　　　　　　　　40, 67
電荷増幅器　61
電気諮問委員会　50
電磁オシログラフ　180
電子式電圧計　92
電子式電力計　126
電子磁束計　152
電子対　48, 201
点接触型ジョセフソン素子
　　　　　　　　　49
伝達関数　88
電波航法　205
電流力計型単相力率計
　　　　　　　　　142
電流力計型電力計　126
電流変成器　96
電力スペクトル密度　38
電力利得　22

同相電圧除去比　62
透磁率　4
透磁率計法　167
ドップラー効果　205
トリガ誤差　118
ドリフト　62
トンネル型ジョセフソン
　接合　159

な　行

ナイキスト雑音　26
内部雑音　26
軟磁性材料　163, 164

2現象オシロスコープ　187

索引

2次のモーメント 33
2重平衡変調器 68
2重ヘテロ構造半導体
　レーザ 202
2乗平均値 33
2進化10進法 74
2進数 117
2端子抵抗測定法 99
2電力計法 136
2標本分散 123

熱雑音 26
熱電対 57
ネットワークアナライザ
　　　　　　　　113
熱ペン方式 176

は 行

薄膜マイクロブリッジ型ジ
　ョセフソン素子 49,159
波形 83
波形分析 175
波形率 84
波高値 84
波高率 84
ばらつき 10
パリティチェック 73
バール 132
パルス幅 190
パルス変調 192
パルスレーダ 206
バレッタ 147
パワースプリッタ 113
パワースペクトル密度
　　　　28, 33, 38, 123

反磁性体 161

ピエゾ抵抗効果 61
ビオ・サバールの法則
　　　　　　　　2,166
光起電力デバイス 200
光超伝導体デバイス 200
光電子 59
光電子増倍管 59
光電子放出デバイス 200
光伝導セル 200
光伝導デバイス 200
ヒステリシス 49
ヒステリシス損 164
ヒステリシスループ 163
ひずみ率 194
皮相電力 132
非直線誤差 78
ビット 72
非熱的効果 201
ビーム型セシウム原子
　発振器 115
百分率誤差 8
百分率補正 9
標本化定理 75
標準電池 84
標準偏差 10, 13
標本化 74
非零復帰 80

ファラディの電磁誘導の
　法則 2
フィルタ 70
フォトダイオード 60
フォトマル 60

負帰還 63
符号変換器 63
不足制動 88
不足補償 182
フーリエ級数 190
フーリエ変換 38
フリッカ雑音 26
フルスケール 77
ブロンデルの法則 136
負論理 79
分散 10, 33

平均値 12, 84
平衡 91, 101
米国電子工業会 81
並列伝送 79
ヘテロダイン 120
偏位法 6, 177
変換器 29
偏向磁力計 149
偏差の平均値 12
ペン方式 175

方向性結合器 113
補償法 6
補助単位 43
保持力 164
補正 9
補正率 9
ホイートストンブリッジ
　　　　　　　100, 146
ホール起電力 138
ホール効果 138, 152
ホール素子 96
ホール定数 138

索　引

ホール電界　139
ボルツマン定数　27
ボロメータ（bolometer）
　　　　　　　　58, 126
ボロメータ素子　146
ボロメータ電力計　145
ポンピング　202

ま　行

マイケルソン型干渉計　203
マクスウェル　105
マクスウェルの方程式　2

無効電力　132

メートル条約　43
目盛盤　85

モデム　81
モーメント　34

や　行

有効数字　20
有効電力　132

誘電体吸収電流　102
誘電率　4
誘導型電力量計　143
誘導放出　201
有能入力雑音電力　28
有能利得　30

4端子測定法　99

ら　行

ラングミュア・プロジェット膜　50
ランダム誤差　10

リサージュ図形　186
リサージュ法　121
リターンロス RL　114
利得誤差　78
量子化　75
量子化誤差　77
量子電気標準　48
量子ホール効果　51
臨界温度　49
臨界制動　88

累積分布関数　34

零位法　6, 178
レイリー分布　35
レーザ　201
レーダ　206
連続波レーダ　206

ロックイン増幅器　69
ロラン A　208
ローレンツ型スペクトル　39
ローレンツ力　139

わ　行

ワイブル分布　42
ワグナー接地　105

＜欧　文＞

A/D 変換器　4, 75
Allan 分散　123
ASCII　72
B-H 曲線　163
CCITT　72
cgs ガウス単位系　3
CPU　211
CRT　192
CW レーダ　206
dc SQUID　158
DUT　113
GP-IB　80
GPS　208
$1/f$ 雑音　26
JIS 規格　57
LCR メータ　106
MKS 非有理単位系　25
MKS 有理単位系　3
NNSS　208
p 型電圧系　93
pn 接合　60
rf SQUID　158
RS-232C　81
S パラメータ　112
X-Y 記録計　175, 179
Y カット水晶振動子　210

227

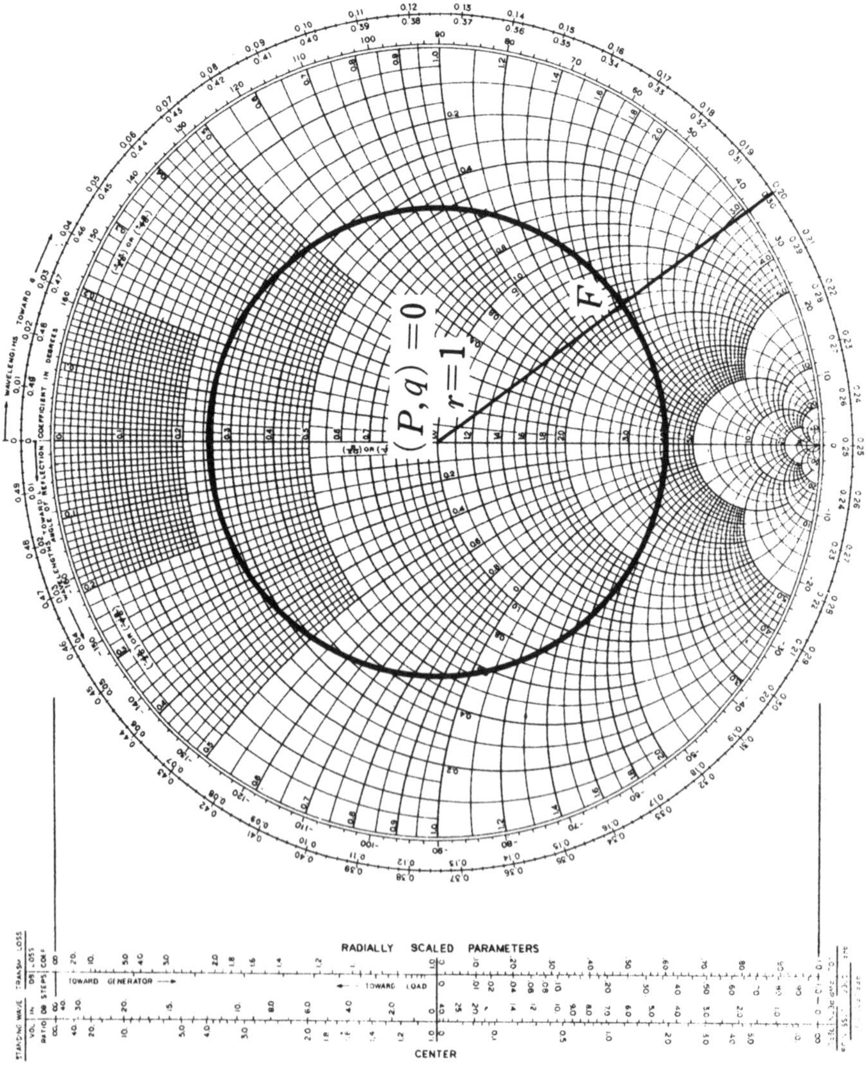
(P, q) = 0
r = 1
F
RADIALLY SCALED PARAMETERS
TOWARD GENERATOR
TOWARD LOAD
CENTER

〈著者略歴〉

大浦宣徳（おおうら　のぶのり）

工学博士
昭和35年　東京工業大学大学院理工学研究科
　　　　　修士課程修了
　　　　　同大学助教授をへる
　　　　　前東京工業大学助教授

関根松夫（せきね　まつお）

理学博士
昭和45年　東京工業大学大学院博士課程修了
　　　　　東京工業大学助教授をへて
平成11年　防衛大学校教授
平成19年　同退官

- 本書の内容に関する質問は，オーム社ホームページの「サポート」から，「お問合せ」の「書籍に関するお問合せ」をご参照いただくか，または書状にてオーム社編集局宛にお願いします．お受けできる質問は本書で紹介した内容に限らせていただきます．なお，電話での質問にはお答えできませんので，あらかじめご了承ください．
- 万一，落丁・乱丁の場合は，送料当社負担でお取替えいたします．当社販売課宛にお送りください．
- 本書の一部の複写複製を希望される場合は，本書扉裏を参照してください．
  JCOPY＜出版者著作権管理機構　委託出版物＞
- 本書は，昭晃堂から発行されていた「大学課程基礎コース 電気・電子計測」をオーム社から発行するものです．

大学課程基礎コース
電気・電子計測

2014年9月15日　第1版第1刷発行
2024年9月10日　第1版第6刷発行

著　者　大浦宣徳
　　　　関根松夫
発行者　村上和夫
発行所　株式会社オーム社
　　　　郵便番号　101-8460
　　　　東京都千代田区神田錦町3-1
　　　　電話　03(3233)0641（代表）
　　　　URL　https://www.ohmsha.co.jp/

© 大浦宣徳・関根松夫 2014

印刷　新日本印刷　製本　ブロケード
ISBN978-4-274-21621-3　Printed in Japan

新インターユニバーシティシリーズ のご紹介

- 全体を「共通基礎」「電気エネルギー」「電子・デバイス」「通信・信号処理」「計測・制御」「情報・メディア」の6部門で構成
- 現在のカリキュラムを総合的に精査して、セメスタ制に最適な書目構成をとり、どの巻も各章1講義、全体を半期2単位の講義で終えられるよう内容を構成
- 実際の講義では担当教員が内容を補足しながら教えることを前提として、簡潔な表現のテキスト、わかりやすく工夫された図表でまとめたコンパクトな紙面
- 研究・教育に実績のある、経験豊かな大学教授陣による編集・執筆

●―― 各巻 定価(本体2300円【税別】)

電子回路
岩田 聡 編著 ■A5判・168頁

【主要目次】 電子回路の学び方／信号とデバイス／回路の働き／等価回路の考え方／小信号を増幅する／組み合わせて使う／差動信号を増幅する／電力増幅回路／負帰還増幅回路／発振回路／オペアンプ／オペアンプの実際／MOSアナログ回路

ディジタル回路
田所 嘉昭 編著 ■A5判・180頁

【主要目次】 ディジタル回路の学び方／ディジタル回路に使われる素子の働き／スイッチングする回路の性能／基本論理ゲート回路／組合せ論理回路(基礎／設計)／順序論理回路／演算回路／メモリとプログラマブルデバイス／A-D, D-A変換回路／回路設計とシミュレーション

電気・電子計測
田所 嘉昭 編著 ■A5判・168頁

【主要目次】 電気・電子計測の学び方／計測の基礎／電気計測(直流／交流)／センサの基礎を学ぼう／センサによる物理量の計測／計測値の変換／ディジタル計測制御システムの基礎／ディジタル計測制御システムの応用／電子計測器／測定値の伝送／光計測とその応用

システムと制御
早川 義一 編著 ■A5判・192頁

【主要目次】 システム制御の学び方／動的システムと状態方程式／動的システムと伝達関数／システムの周波数特性／フィードバック制御系とブロック線図／フィードバック制御系の安定解析／フィードバック制御系の過渡特性と定常特性／制御対象の同定／伝達関数を用いた制御系設計／時間領域での制御系の解析・設計／非線形システムとファジィ・ニューロ制御／制御応用例

パワーエレクトロニクス
堀 孝正 編著 ■A5判・170頁

【主要目次】 パワーエレクトロニクスの学び方／電力変換の基本回路とその応用例／電力変換回路で発生するひずみ波形の電圧, 電流, 電力の取扱い方／パワー半導体デバイスの電力の変換と制御／サイリスタコンバータの原理と特性／DC-DCコンバータの原理と特性／インバータの原理と特性

電気エネルギー概論
依田 正之 編著 ■A5判・200頁

【主要目次】 電気エネルギー概論の学び方／限りあるエネルギー資源／エネルギーと環境／発電機のしくみ／熱力学と火力発電のしくみ／核エネルギーの利用／力学的エネルギーと水力発電のしくみ／化学エネルギーから電気エネルギーへの変換／光から電気エネルギーへの変換／熱エネルギーから電気エネルギーへの変換／再生可能エネルギーを用いた種々の発電システム／電気エネルギーの伝送／電気エネルギーの貯蔵

電力システム工学
大久保 仁 編著 ■A5判・208頁

【主要目次】 電力システム工学の学び方／電力システムの構成／送電・変電機器・設備の概要／送電線路の電気特性と送電容量／有効電力と無効電力の送電特性／電力システムの運用と制御／電力系統の安定性／電力システムの故障計算／過電圧とその保護・協調／電力システムにおける開閉現象／配電システム／直流送電／環境にやさしい新しい電力ネットワーク

固体電子物性
若原 昭浩 編著 ■A5判・152頁

【主要目次】 固体電子物性の学び方／結晶を作る原子の結合／原子の配列と結晶構造／結晶による波の回折現象／固体中を伝わる波／結晶格子原子の振動／自由電子気体／結晶内の電子のエネルギー帯構造／固体中の電子の運動／熱平衡状態における半導体／固体での光と電子の相互作用

もっと詳しい情報をお届けできます。
◎書店に商品がない場合または直接ご注文の場合も右記宛にご連絡ください。

ホームページ http://www.ohmsha.co.jp/
TEL/FAX TEL.03-3233-0643 FAX.03-3233-3440

(定価は変更される場合があります)

F-0911-118

関連書籍のご案内

基本を学ぶシリーズ

基本事項をコンパクトにまとめ，
親切・丁寧に解説した新しい教科書シリーズ！

主に大学、高等専門学校の電気・電子・情報向けの教科書としてセメスタ制の1期（2単位）で学習を修了できるように内容を厳選。

シリーズの特長

◆電気・電子工学の技術・知識を浅く広く学ぶのではなく、専門分野に進んでいくために「本当に必要な事項」を効率良く学べる内容。

◆「です、ます」体を用いたやさしい表現、「語りかけ」口調を意識した親切・丁寧な解説。

◆「吹出し」を用いて図中の重要事項をわかりやすく解説。

◆各章末には学んだ知識が「確実に身につく」練習問題を多数掲載。

基本を学ぶ 回路理論

●渡部 英二 著　●A5判・160頁　●定価（本体2500円【税別】）

主要目次
1章　回路と回路素子／2章　線形微分方程式と回路の応答／3章　ラプラス変換と回路の応答／4章　回路関数／5章　フーリエ変換と回路の応答

基本を学ぶ 信号処理

●浜田 望 著　●A5判・194頁　●定価（本体2500円【税別】）

主要目次
1章　信号と信号処理／2章　基本的信号とシステム／3章　連続時間信号のフーリエ解析／4章　離散時間フーリエ変換／5章　離散フーリエ変換／6章　高速フーリエ変換／7章　z変換／8章　サンプリング定理／9章　離散時間システム／10章　フィルタ／11章　相関関数とスペクトル

基本を学ぶ コンピュータ概論

●安井 浩之　木村 誠聡　辻 裕之　共著　●A5判・192頁　●定価（本体2500円【税別】）

主要目次
1章　コンピュータシステム／2章　情報の表現／3章　論理回路とCPU／4章　記憶装置と周辺機器／5章　プログラムとアルゴリズム／6章　OSとアプリケーション／7章　ネットワークとセキュリティ

もっと詳しい情報をお届けできます．
○書店に商品がない場合または直接ご注文の場合も右記内にご連絡ください．

ホームページ http://www.ohmsha.co.jp/
TEL／FAX TEL.03-3233-0643　FAX.03-3233-3440

（定価は変更される場合があります）

関連書籍のご案内

電気工学分野の金字塔、
充実の改訂！

1951年にはじめて出版されて以来、電気工学分野の拡大とともに改訂され、長い間にわたって電気工学にたずさわる広い範囲の方々の座右の書として役立てられてきたハンドブックの第7版。すべての工学分野の基礎として、幅広く広がる電気工学の内容を網羅し収録しています。

編集・改訂の骨子

■ 基礎・基盤技術を固めるとともに、新しい技術革新成果を取り込み、拡大発展する関連分野を充実させた。

■ 「自動車」「モーションコントロール」などの編を新設、「センサ・マイクロマシン」「産業エレクトロニクス」の編の内容を再構成するなど、次世代社会において貢献できる技術の取り込みを積極的に行った。

■ 改版委員会、編主任、執筆者は、その分野の第一人者を選任し、新しい時代を先取りする内容となった。

■ 目次・和英索引と連動して項目検索できる本文PDFを収録したDVD-ROMを付属した。

電気工学ハンドブック 第7版

一般社団法人 電気学会[編]

- B5判・2706頁・上製函入
- 本文PDF収録DVD-ROM付
- 定価(本体45000円[税別])

主要目次
数学／基礎物理／電気・電子物性／電気回路／電気・電子材料／計測技術／制御・システム／電子デバイス／電子回路／センサ・マイクロマシン／高電圧・大電流／電線・ケーブル／回転機一般・直流機／永久磁石回転機・特殊回転機／同期機・誘導機／リニアモータ・磁気浮上／変圧器・リアクトル・コンデンサ／電力開閉装置・避雷装置／保護リレーと監視制御装置／パワーエレクトロニクス／ドライブシステム／超電導および超電導機器／電気事業と関係法規／電力系統／水力発電／火力発電／原子力発電／送電／変電／配電／エネルギー新技術／計算機システム／情報処理ハードウェア／情報処理ソフトウェア／通信・ネットワーク／システム・ソフトウェア／情報システム・監視制御／交通／自動車／産業ドライブシステム／産業エレクトロニクス／モーションコントロール／電気加熱・電気化学・電池／照明・家電／静電気・医用電子・一般／環境と電気工学／関連工学

もっと詳しい情報をお届けできます。
◎書店に商品がない場合または直接ご注文の場合も右記宛にご連絡ください。

ホームページ　http://www.ohmsha.co.jp/
TEL/FAX　TEL.03-3233-0643　FAX.03-3233-3440

(定価は変更される場合があります)　　　　　　　　A-1403-125